U0141181

◆星際傳訊STA11302

臺灣是13000年前高科技重鎮

揭開多次元遺跡奧秘，探尋亞特蘭提斯首都真相之謎

吉米斯◎著

麻省理工學院發表的研究，地球上所有人類的共同始祖是台灣人
小小臺灣的偉大故事：南島語族四億人的起源
毽侃國，福爾摩沙人——擁有13000年靈性智慧的民主國度！

目次

第三章　臺灣——所有人類共同的祖先，讓人腦洞大開　053

第四章　科學家驚見：臺灣是亞特蘭提斯的學術證據 125

第五章　臺灣的神秘智慧生物與異次元遺跡　201

第六章　臺灣的古文明與高科技：尋找隱藏的智慧　223

第七章　精神與科技文明的和諧：探索未來的平衡之道 261

前言
臺灣：文明交匯的秘境與世界遺產的寶庫

在當代快速變遷的世界中，科技不僅改變了我們的生活，還深刻地影響了我們對歷史和人類起源的認識。當我們回顧地球上的古老文明時，亞特蘭提斯總是以其高度發達的科技和隨之而來的神秘滅亡而引人入勝。或許許多人並不知道，位於亞洲東緣的臺灣，也可能是這段遠古歷史的一部分。本書將帶領讀者深入探索這個被時間掩埋的世界，揭開臺灣與亞特蘭提斯之間的神秘連結。

臺灣這片土地自古以來便充滿了傳奇色彩，不僅在防疫表現上令人矚目，也在科學和靈性領域上顯示出獨特的能量。在地質學、古代地圖、與神秘學的研究下，越來越多的證據顯示出臺灣在古代曾是科技的重鎮，甚至可能是傳說中的亞特蘭提斯首都。無論是澎湖海底的虎井沉城、琉球群島到日本的遠古地質，還是水下金字塔的遺跡，都帶領我們重新認識臺灣在遠古文明中的獨特地位。

本書分為七章，循序漸進地揭示臺灣的秘密。我們將探討臺灣土地中蘊藏的能量，從防疫成就到科技創新，深入了解這片島嶼如何成為自然與科技的交會點。此外，我們還將探索古老的文明遺跡，試圖找出亞特蘭提斯文明留下的蛛絲馬跡，並將視野延伸至神秘的智慧生物與異次元遺跡之謎。

隨著科技進步，我們不禁思考：這些古代文明究竟如何掌握這樣超越時代的知識？而臺灣這片土地上的高科技遺跡，是否真如傳言般記載了亞特蘭提斯的文明精髓？這些問題，不僅是對歷史的探究，更是對人類未來發展的深刻省思。

最終，我們將在探索中尋找現代科技與古代智慧的交融，思索如何在科技高速發展的同時，保持精神上的平衡，達到科技文明與人類靈性之間的和諧。希望這本書能帶領讀者重溫臺灣古老的文明脈絡，並以全新的視角理解這片土地對未來的啟示。

第一章　世界第一！國際科學家研究能量點在臺灣

為何臺灣在 COVID-19 大爆發中受影響較小？揭開防疫的秘密

在眾多神秘學與科學研究的交匯處，臺灣這座寶島正逐漸成為全球注意的焦點。荷蘭科學家的研究顯示，臺灣是他們所研究的國家中能量最高的地方，甚至被譽為世界能量的中心。

首先，科學家們發現臺灣的能量場獨特且強大。這些能量來自於地球的磁場以及地殼的運動，形成了臺灣特有的能量環境。許多靈性與修行的實踐者指出，在臺灣修行時能感受到一種深層的靈性連結，這種感覺在其他地區則不易體驗。這種能量不僅促進了身心的平衡，也吸引了世界各地的靈性探索者來此尋找答案。

另外，臺灣的地形與氣候為其獨特的能量場提供了理想的條件。高山、海洋、河流等自然元素相互交織，形成了一個能量循環系統，正是這種自然的力量使得臺灣成為了靈性覺醒的熱土。據說，很多修行者在這裡進行靜心與冥想，能夠更輕易地與內在的自我對話，甚至感受到宇宙的力量。

最後，臺灣的磁場與亞特蘭提斯的傳說，讓人們不禁想像，這裡或許真的隱藏著某種古老的智慧。或許在某個不經意的時刻，臺灣的能量場將引導我們揭開這些古老謎團的面紗，讓人們重新認識這片土地的真正價值。

總之，無論是科學的研究還是靈性的探索，臺灣無疑是個充滿能量的地方。它的獨特磁場和神秘傳說不僅吸引著學者的目光，也使得無數尋求靈性與真理的人們紛紛前來。在這裡，或許亞特蘭提斯的故事依然在延續，等待著有心人去發掘。

在 COVID-19 全球大爆發的背景下，臺灣因其相對較小的疫情影響而引起了全球的關注。這背後不僅僅是政府迅速有效的防疫措施，還可能與臺灣這片土地本身所蘊含的能量有關。

能量治療的寶庫：臺灣的特殊地理與磁場

根據荷蘭科學家亞柏（Jaap Van Etten）的研究，臺灣的土地能量在全球範圍內名列前茅，甚至高於以能量療法著稱的美國瑟多那市。這種能量的存在，使得臺灣人能夠輕易地吸收大自然的精華，提升免疫力和身心健康。在臺北市的公園中，特別是南港公園，測得的能量值驚人，足以支持民眾通過散步和冥想來強化自身的免疫系統。

亞柏的探測棒能夠測量土地的能量，並發現許多公園都擁有令人驚豔的能量指數。例如，大安森林公園的能量值達到5千公尺，而南港公園的能量值則驚人地達到1萬6千公尺。這意味著在南港公園待上一小時，能夠獲得的能量相當於在森林中享受一整天的森林浴。

世界第一！治療能量就在臺灣

在國際間因探索地球能量而備受讚譽的荷蘭生物科學家亞柏，於二〇〇五年受自然風文化之邀來臺，開啟他個人國際巡迴的第11站。在幾日的精密測試中，亞柏深入探索了多處臺灣地點，包括陽明山的竹子湖等地。他驚喜地發現：臺灣的地表能量竟高居他所探測過的各國之首，實至名歸！這一消息讓全球其他地區的土地似乎也開始「羨慕」了起來，或許它們都在悄悄思忖：是不是我的能量還不夠呢？

臺灣的公園，簡直是蘊藏世界罕見的治療能量寶庫！亞柏利用他的探測棒發現，臺北市的幾處公園都能量驚人，尤其是南港公園，那可是能量指數的佼佼者！只要民眾常常在公園裡散步，配合冥想（靜坐），就能吸收大地的精華，提升免疫力，達到身心平衡的境界，效果甚至比森林浴還要來得好，測試後的民眾們都嘖嘖稱奇，彷彿發現了新大陸。

在臺灣，許多地方的能量測值都超過5千公尺，光是臺北的大安森林公園就測得5千公尺的地穴能量，榮星花園也不甘示弱，提供免費的高能量釋放。而最驚人的南港公園，竟然蘊含1萬6千公尺的能量！也就是說，在那裡待上1小時，效果比在森林裡待一天還要好，讓人忍不住想大喊：「這真是太不可思議了！」

至於結合地球能量的治療方法，對大多數人來說，仍然是個新鮮話題。早在一九八〇年代，美國的瑟多那市因為被靈療界人士發現擁有強大的治療能量，每年吸引著數以百萬計的遊客趨之若鶩，專門為了吸收那裡的特殊地穴能量，目的是為了療癒病痛、提升能力和平衡身心靈。

亞柏的驚訝並不止於此！他在家鄉荷蘭測得的能量值半徑是2千5百公尺，而美國的瑟多那市則為4千公尺，但陽明山上的竹子湖和新竹北埔一處有機農場的能量值竟然高達5千5百公尺！這可是遠超過他在德國、比利時、東非、秘魯、墨西哥、波多黎各等10個國家所測得的數據。至於臺北的大安森林公園和龍山寺，也測得了3千多公尺的能量值，野柳女王頭旁更是測得了人類靈性溝通的最高層次能量，簡直讓人想立刻搬去那裡住！

看來，臺灣不僅是個美麗的寶島，還是個隱藏著無窮能量的靈性天堂！所以，下次走進公園時，不妨停下腳步，靜靜地吸收一下大自然的精華，誰知道呢？或許您會發現自己的能量指數也在悄悄上升哦！

臺灣土地蘊含驚人能量：大自然的祝福與科學的探索

從尋龍尺到探測棒：古今智慧的能量對話

長期專注於丹道研究的中研院文哲所教授李豐楙指出，透過探測棒尋找水源、礦脈或能量的方法，自古以來就流傳著。練功的人也特別愛找那些能量強的地方；亞柏的探測法確實有其價值，但使用時可得小心翼翼。在臺灣，這類「經驗法則」的研究至今仍被視為旁門左道，搞得好像參加一場無人問津的派對。

中華技術學院生物科技中心的教授楊乃彥，手裡還握著前中研院史語所教授宋光宇送他的尋龍尺，特別來和亞柏交流。楊教授感嘆，古人用的尋龍尺，跟亞柏的探測棒原理幾乎一模一樣。現代人真是被所謂的科技知識蒙蔽，不僅未能發揚古人的智慧，還失去了與大自然結合的本能，這就像是拿著高科技手機卻忘了怎麼打電話。

有趣的是，中國的風水師所用的羅盤，在南港公園測試的結果居然也相同。中國地理風水協會理事長張旭初說：「這裡的羅盤搖晃得可真不一樣，能量旺的地方，羅盤指標都像是在跳舞，特別是在靠近公園籃球場的那塊草地上。」想必那草地的能量比投籃還準，讓人想立刻去那裡運動一下！

其實，大多數動物都有與大地連結的能力，地震或海嘯來時能提前獲得訊息逃命，但人類卻反而失去了自我療傷與保護的本能，難道我們的基因裡藏著「害怕大自然」的密碼嗎？

中華民國能量醫學會創會理事長鍾傑則以磁場解釋，說地球本身就是一個巨大的磁場，人和物質也各自擁有自己的磁場。只要兩者充分結合，提升自我力量簡直不費吹灰之力。

想要吸收大自然的能量，臺灣人習慣用森林浴或氣功等方式，但其實，吸收好能量、提升身心靈的健康，還得懂得挑選具正面能量且符合自己需求的地點。不然就像找了一個陽光明媚的日子卻選擇去河邊烤肉，結果發現只是引來蚊子大軍的襲擊。

亞柏也透露：「人們對土地的傷害和電磁能的過度運用，會破壞大地蘊含的原始能量！」這也是為什麼他在高度開發的西歐國家測得的能量值半徑，僅有1千公尺的原因。

在他來臺灣將近3週的探勘中，他認為臺灣中央山脈的森林資源，加上特殊的地形地脈，讓能量線綿密，可能是臺灣土地富含高能量的兩個主要原因。換句話說，臺灣的自然資源就像是能量的超級市場，讓人想一進去就大肆採購。

臺灣從事能量推動與研究的學者專家認為，中西方在能量探測上早已積累了歷史，但進行國際間系統化的研究，亞柏確實是先驅。

亞柏不僅為臺灣這片土地上的人們帶來可喜的能量訊息，更重要的是，他提醒大家在試著與大自然能量結合之前，先懂得愛護這片福地，並試著透過靜心修養找回人類原始的本能。畢竟，與大自然和諧共處，才是讓生活更美好的最佳秘訣！

亞柏強調，現代人與大自然的結合是重要的，這不僅能幫助提升身心靈的健康，還能夠提升人的免疫力。長期從事丹道研究的學者也指出，古老的中國智慧早已認識到能量與健康的關聯。雖然現代科技對這些「經驗法則」的研究仍有所保留，但不容忽視的是，與大自然的連結對於提升身心靈健康的重要性。

臺灣的自然環境，如中央山脈的豐富森林資源和特殊地形，造就了這片土地的能量密度。這樣的能量來源，不僅讓臺灣人在防疫過程中獲得支持，也讓臺灣成為了潛在的國際療癒勝地。

亞柏提醒，雖然臺灣擁有得天獨厚的土地能量，但現代人對土地的傷害和過度使用電磁能會破壞這些原始能量。因此，尊重自然、愛護環境是每個臺灣人的責任。只有在保護好這片福地的前提下，才能夠充分利用其能量，進而提升自身的免疫力和健康。

總結來說，臺灣在COVID-19全球大爆發中能夠相對成功地控制疫情，除了得益於有效的防疫政策，還有著深厚的自然能量作為支持。在這樣的背景下，我們應該更加重視與自然的結合，提升身心靈的健康，以面對未來的挑戰。

被最強神秘能量包圍的臺灣：未來高科技與心靈世界的核心

臺灣，這片土地擁有深厚的歷史積澱與多元文化的交融，不僅僅是一個文明交匯的秘境，更是靈性與科技融合的前沿之地。無論是在地理位置、自然環境，還是在社會與文化的多樣性方面，臺灣都展現出其獨特的優勢。從早期原住民文化的靈性智慧，到明清時期的移民風俗，再到現代的科技創新浪潮，臺灣始終承載著多層次、多元文化的相遇與融合。在這塊土地上，人們不僅接觸到先進的技術發展，也能感受到傳統智慧所帶來的內在啟示。

臺灣的自然環境也富有靈性能量，綿延的山脈、深邃的海洋、以及處處蘊藏的溫泉，形成了獨特的地磁場和能量場域。這些自然資源不僅為臺灣人帶來生活上的便利，更是許多人心靈成長的依靠。許多國際靈修人士和研究學者都認為，臺灣的地理條件和能量場域具備促進心靈開放與啟迪的潛力。對於臺灣人來說，自然景觀不僅是一種視覺享受，更是一種靈性的支持，使人們在快節奏的生活中仍然能夠保持內心的平衡與穩定。

隨著全球科技的迅猛發展，我們進入了一個前所未有的資訊爆炸時代。在這個時代，科技的進步不僅提高了人們的生活質量，也改變了人類的思維方式和社會互動模式。然而，科技的過度依賴也帶來了心靈上的失衡，人們開始渴望找到一種能夠結合現代科技與心靈成長的生活方式。臺灣作為高科技與靈性生活的融合之地，或許可以成為一個平衡的範例。這裡的人們懂得如何在擁抱科技進步的同時，保持心靈的純淨與安寧，這也是臺灣與眾不同之處。

從科技的角度看，臺灣在半導體、人工智慧等領域具備國際競爭力，是全球高科技產業的重要樞紐。然而，與其他技術發達的地區相比，臺灣在發展科技的同時，也注重人與自然的和諧。臺灣的企業和研究機構逐漸開始探索「科技為人」的理念，將科技發展與社會福祉結合，注重綠色環保、可持續發展，並強調人類內心的幸福感。未來，臺灣或許可以成為世界科技界與心靈界的一座橋樑，展示出科技與靈性如何相互輔助，共同創造一個更加和諧的世界。

總而言之，臺灣是一片充滿神秘能量的土地。這片土地的特殊地理與文化背景使其成為靈性與科技交會的最佳場域。隨著科技日新月異的發展，我們需要更深入地思考人類心靈的需求。臺灣所擁有的豐富靈性資源，或將成為未來高科技時代下人類心靈重生的關鍵。透過這種靈性與科技的融合，人們將能夠在高速變遷的社會中找到平衡，讓人類的未來不僅充滿智慧，亦充滿心靈的深度與溫暖。

第二章　臺灣的誕生：遠古歷史

你認為1萬3千年前，存在著甚麼？1萬3千年前，居然有高科技城市存在！沒錯，這不是科幻小說的情節，也不是某個時間旅行者的奇幻冒險，而是考古學家們挖掘出來的真實資訊！而且，不僅僅是他們說的，科學界也站出來證實了這件事。這不僅是一場關於石器時代的浪漫夢想，更是一場真實的全球性生物大滅絕事件。想想看，那些曾經霸佔地球的大型哺乳動物——比如猛瑪象和劍齒虎，都被這場大災難「刷」了下線！看來1萬3千年前，地球也不是那麼和平的時代，彷彿就像是一場全球範圍的「生物大掃除」！

哥貝克力石陣的驚奇之旅：1萬3千年前的「外掛」人類文明？

當我們聊到1萬3千年前時，腦袋裡通常會浮現出什麼？猛瑪象？劍齒虎？還是滿嘴野果、身披獸皮的原始人？可別小看了那個時代的「古人」，他們可能比我們想像中還要厲害，甚至厲害到讓現代的建築師哭著回家，考古學家愣在原地，而科學家則開始懷疑人生。

讓我們走進考古界的「愛情懸疑劇場」：哥貝克力石陣（土耳其語：Göbekli Tepe）。它被譽為比埃及金字塔還神秘的史前遺跡，如果一切屬實，那人類的文明史可能要「一秒變老」到1萬3千年前！我們還得向古蘇美爾人、古埃及人和三星堆人集體道歉，因為他們的歷史可能只是「新生代」。

史前建築界的天才設計師

首先，哥貝克力石陣上的石塊，精緻到不像話：動物浮雕栩栩如生，還有T形的石柱被切割得整齊劃一。問題來了，那些時代的人類不是應該在叼著獸骨，吭哧吭哧敲石器嗎？怎麼突然變成了藝術家兼建築師？更讓人瞪大眼睛的是，石陣下還埋著一層又一層更古老、更宏偉的建築，像極了考古學界的「盲盒」。越挖越深，越懷疑人生！

「掩埋狂魔」的神秘行徑

古人建好石陣後，為什麼要把它埋起來？難不成怕被鄰居偷走？而且他們還玩起了「建完埋，埋完再建」的循環作業，這奇怪的行為持續了千年之久。有人說他們可能發現了某種「不可說的秘密」，但我們現代人只能摸著下巴猜來猜去。

人力 VS 超能力？

你以為這已經夠離譜了？根據專家推算，要完成哥貝克力的最頂層石陣，至少需要5千人忙活五年——這還只是最小規模的！在那個還沒手機也沒微信群的時代，他們是怎麼召集到這麼多人的？更誇張的是，附近竟然找不到人類生活的痕跡，甚至連採石場的影子都沒見著。感覺這些石塊就像「自帶定位導航」，直接傳送到了山丘上。

星象、日曆與「手提袋」？

哥貝克力的浮雕也不簡單，某些圖案可能是日曆或星座的符號，甚至還出現了神秘的

「手提袋」雕刻。巧的是，類似的手提袋圖案也出現在蘇美爾文明和古埃及遺址中。這是史前的時尚潮流嗎？還是某種跨越時空的「VIP 標誌」？

流星雨與大滅絕：天地大劇變的真相

根據地質資料，1萬3千年前，地球確實遭遇過金牛座流星雨的猛烈轟炸，引發了被稱為「新仙女木事件」的全球氣候劇變。這場災變不僅造成了第四紀生物大滅絕，包括猛瑪象和劍齒虎在內的大型哺乳動物幾乎滅絕殆盡，而人類卻奇蹟般地存活了下來！也許哥貝克力石陣正是為了記錄這場流星雨的軌跡，甚至預測未來星象變化。

古老城市的傳說與遺失的文明

二〇一九年，考古學家在距哥貝克力37公里的卡拉漢山丘，發現了更古老的石陣結構，還有大量人類生活的痕跡。這是否意味著卡拉漢山丘是居住地，而哥貝克力是宗教儀式的場所？有趣的是，卡拉漢到哥貝克力的距離與紫禁城到天壇的距離相似，難道這片土地在1萬3千年前就存在一座堪比北京城的古老都會？

滅世洪水與亞特蘭提斯之謎

最後，再來一劑大腦爆炸的猜測：柏拉圖曾記載亞特蘭提斯在洪水中沉沒，時間大約是1萬1千6百年前，與哥貝克力的年代幾乎吻合。這場滅世洪水是否就是許多古老神話中提到的大洪水？當年的那場大水是否沖刷掉了史前人類的輝煌文明？

史前迷霧，等待揭開

哥貝克力石陣就像一場未解的「史前謎語」，揭示了我們對人類歷史的無知與侷限。這些遠古建築的工藝、用途，以及它們是否真的與那場毀天滅地的災變有關，或許還需要更多的探索與研究。這不僅僅是「小恐龍消失」的那一類事，而是一場大規模的「全世界都要做大掃除」的災難，讓那時候的大部分哺乳動物都集體退場，包括猛瑪象、劍齒虎……你沒聽錯，這些史前巨星都在那場大災難中被無情淘汰。這就像是史前版的「大清洗」，不分大小，通通掃光！到底是什麼神秘力量，能讓這些曾經的地球霸主集體消失？那麼，結論就是：我們的歷史，可能比我們想像的更驚心動魄、更不可思議。

臺灣與遠古氣候的交響樂：1萬3千年前的氣候大變奏

話說臺灣這片美麗富饒的土地，不只是風景美麗，也在古代氣候大變動的時代中佔有一席之地。大約1萬3千年前，一場氣候界的「巨星事件」——新仙女木事件，登場了。這場氣候變遷的「演唱會」不僅讓地球的溫度大幅下降，還順便影響了北半球的生態系統，甚至把古人類嚇得不知該如何是好！而且，這一變遷對今天的氣候學家來說也是個大謎團，提供了無數讓人摸不著頭腦的線索。

如今，隨著全球暖化日益嚴重，科學家們開始擔心：「嘿！這場新仙女木演唱會會不會來個安可？萬一北極冰雪融得太快，會不會再一次引發北半球的降溫？」這一疑問成了研究的焦點。新仙女木事件大約發生在1萬3千年前，當時北美的淡水大軍勇往直前，衝進北大西洋，結果把海洋暖流給堵住了，北半球馬上陷入了一場「千年嚴寒之旅」。電影

《明天過後》甚至還把這個劇本搬上了大銀幕，讓人類社會經歷了電影裡的冰天雪地大災難！

臺灣大學的沈川洲教授可不只是坐在那裡看電影，他與美國德州大學的賈德生帕丁（Judson Partin）組成了「氣候偵探團」，用七年的時間破解了新仙女木事件的「氣候密碼」。他們從菲律賓巴拉望的石筍中讀取過去的降雨數據，搭配全球的古氣候資料，完整還原了1萬3千年前這場氣候大變奏。這個重磅研究成果直接上了《Nature Communications》期刊，算是「氣候學界的格萊美獎」吧！

其實，這場「冰封演唱會」的門票很早就被發現了。19世紀末，科學家從地層中的花粉記錄推斷出歐洲當年氣溫驟降。但問題是，這場寒冷大狂潮到底有沒有波及到其他地區？尤其是赤道和熱帶地區，一直都是個謎。

沈教授和他的團隊不負眾望，利用精準的鈾釷定年技術和氧同位素分析，揭示了巴拉望的降雨變化與新仙女木事件的「氣候交響曲」是同步進行的。研究顯示，這場演唱會的開場大約是在1萬2千8百年前，全球的氣候隨之發生大變化。北半球的降溫速度如同閃電般迅速，僅需數十年，而赤道和熱帶地區則慢悠悠地過渡了幾百年。

這項研究對未來的氣候預測意義非凡。根據目前的「天氣預報」，如果類似的新仙女木事件再來一次，臺灣的氣候將轉為乾冷模式，北部地區會被強勁的東北季風肆虐，冬天氣溫下降，但降雨量卻反而增加。這可能就是我們未來氣候劇本的一部分。

這次研究由臺灣科技部卓越領航計畫與台大共同資助，完整論文已於9月2日驚艷亮相《Nature Communications》。不過，讓我們希望下一場「氣候演唱會」不要再有這麼「冷」的表演曲目了！

隕石與美洲原始人類消失之謎：地球的不速之客

恐龍當年可是地球的「老大」，統治了超過一億六千萬年，結果怎麼樣呢？一顆小小的10公里直徑小行星突然來個「天降正義」，把恐龍直接送進了歷史博物館。那麼，我們人類呢？別看我們才剛出現十幾萬年，已經發展出不可一世的智慧。聽起來似乎沒什麼能滅我們，但嘿！隕石可是個不講道理的天外來客，過去還真有人類是因為它們滅絕的。

根據科學家的考古證據和線粒體DNA分析，我們現代人類的祖先是十幾萬年前的非洲智人，大約在六萬年前走出了非洲，像是開啟了一場全球「環遊世界」的旅程。然而，與這個時代其他的早期人類相比，他們的同類卻早已「下班打卡」滅絕。問題是，這裡頭有沒有隕石的「黑手」呢？答案可能讓你感到一絲毛骨悚然。

約1萬3千年前，冰河時期的尾聲，克洛維斯人這批「旅遊愛好者」從西伯利亞跨過白令陸橋，順利達到了阿拉斯加，成為美洲的第一批「原始人背包客」。不過，奇怪的是，這些人類的「冒險之旅」並沒有持續太久。他們來了才兩三百年，突然之間就「集體消失」，只留下一堆石製工具讓後人挖破頭猜測。

考古學家們對此困惑不已，不僅如此，當時那些巨型動物夥伴們，像是乳齒象、猛象和劍齒虎等35種冰河動物，也一起「掛了」。這可不是偶然。在美國南卡羅來納大學的一項研究中，科學家們發現，這些克洛維斯人的遺址裡土壤含有極高濃度的鉑金，而鉑金通常來自外太空，像隕石或彗星一樣的東西。這難道是說當時有顆隕石撞擊了地球？

許多科學家開始推測，這顆隕石可能引發了一場北美大火，把整個地球氣候搞得一團糟，甚至還激發了一個迷你版的冰河期——新仙女木冰河期，持續了1千4四年。結果怎麼樣呢？北美的巨型動物們紛紛滅絕，連克洛維斯人也未能倖免。這場事件於是得到了個酷酷的名字：新仙女木事件，或是新仙女木假說。

然而，科學家們也不是全都買帳。沒發現撞擊坑，這個假說就像沒找到煙霧的槍一樣，證據不足。即便如此，土壤中發現的高濃度鉑金，似乎又讓人不得不懷疑，隕石的確對地球上的生命有過「打擊教育」，甚至可能導致了克洛維斯人和一堆冰河動物的滅絕。

隕石不僅讓恐龍「領了盒飯」，也許還是美洲原始人類的終結者。那麼問題來了，這種「隕石大難」會不會再次上演？目前還真是個謎。不過好消息是，隨著科技進步，我們已經開始監控近地小行星，甚至未來還有希望「開幾炮」把它們打下來。總之，人類文明如今已經不再是自然力量面前的「待宰羔羊」了，至少隕石來襲的時候，我們手上多了一張防守的「王牌」！

更新世時期臺灣與中國大陸的地理連結與古代生態探討

「更新世」時期（約 258 萬至 1.17 萬年前），又稱「洪積世」，這是地質學上新生代第四紀的早期階段，也是地球進入現代生態演變的重要時期。這段期間氣候大幅波動，冰期與間冰期交替，形成了許多獨特的生態變遷。尤其在歐亞大陸上，歷經多次冰期，這些寒冷氣候下的生態變化在動植物的演化上留下了深刻的痕跡。臺灣與中國大陸的潛在地理連結正是在這樣的背景下展開，並從考古發現的化石中尋得支持。

臺灣與澎湖群島的化石證據

在澎湖群島與臺灣的地質調查中，發現了多種更新世哺乳動物化石，如猛瑪象與德氏水牛等，顯示當時這些大型哺乳動物在此活動。臺灣學者陳仁德收藏的化石中，更有猛瑪象臼齒，顯示更新世動物在這片土地的存在。此外，澎湖海溝所出土的象臼齒化石進一步證實了臺灣與中國大陸的可能地理連結。這些化石證據顯示，更新世晚期由於海平面下降，可能形成了類似陸橋的地理條件，讓陸生動物得以從大陸遷徙至臺灣。

澎湖群島的地質奇觀與古生物寶藏

澎湖群島以火山地貌和豐富的海蝕景觀而聞名，尤其是島上分布的柱狀玄武岩和化石，使澎湖成為研究地質和古生物的重點地區。當地豐富的化石包括貝類、螺類、苔蘚蟲、螃蟹、海膽，以及脊椎動物如水牛、馬、古菱齒象、鹿等。這些化石見證了更新世時期臺灣和周邊地區的生態多樣性，也為探討生物遷徙及演化提供了重要依據。台中自然博物館還展示了澎湖海溝出土的古菱齒象復原骨架，象牙長達2.8公尺，這一巨大的化石標本展示了更新世動物的體型規模與生命力。

地理變遷：更新世的氣候波動與陸橋形成

隨著更新世晚期的氣候變遷，冰河期的出現導致海平面大幅下降。據研究，臺灣海峽在晚更新世形成了廣闊的陸棚區，將臺灣與東亞大陸相連。這樣的地理變遷，不僅讓動植物的南北遷徙成為可能，也造就了現今所見的澎湖群島及臺灣海峽的地理形貌。透過對澎湖群島化石與沉積物的研究，地質學家們發現，這片土地在更新世晚期可能是東海古陸與南海古陸之間的連結點，成為動植物遷徙的重要通道。

化石中的生態變遷與大型哺乳動物的消失

從澎湖海溝出土的化石中，我們能夠窺見更新世生物多樣性的片段畫面。透過這些化石，考古學家推測臺灣曾是大型哺乳動物的重要棲息地之一。然而，隨著氣候逐漸回暖、冰川融化，海平面再次上升，陸橋消失，這些大型哺乳動物因氣候改變和生態競爭逐漸滅絕，留下這些珍貴的化石證據供後人研究。

冰河期的臺灣：1萬3千年前就已經抵達這片土地，一場沒有船的移民之旅

你知道嗎？臺灣南島語族居然缺少了「船」這個詞！這對於一個四面環海的島國來說，可不尋常啊！學者們對此展開了一場智力大冒險，試圖解開這個「缺船之謎」。

首先，研究指出，臺灣的原住民可能早在第四冰河期時就搬到了這裡，而且是靠雙腳而不是船隻！當時，海平面較低，臺灣還和大陸「肩並肩」呢。於是，早期居民不必搞什麼航海，直接從陸地跨過來安家落戶。等到冰河期結束、海平面上升，臺灣被海水包圍，這群先民才開始研究航海技術，逐漸形成了南島語族著名的航海文化。

而在當時的南島語系裡，其他地區的島民早已具備豐富的航海詞彙——菲律賓、印尼、馬來西亞等地的語言中，船隻的詞彙可是琳琅滿目。可是，偏偏只有臺灣的南島語例外，幾乎找不到任何「船」的痕跡。學者們不禁好奇：為什麼在這座島上，對「船」這個詞語的需求似乎如此低呢？

張光直教授提供了這樣一種解釋：早在冰河期，臺灣的原住民就從周邊陸地遷徙而來，因此不需要船。等到1萬3千年前冰河期結束，海水湧來包圍臺灣，這群早期居民才開始意識到——原來造船還是挺實用的！因此，「航海技術」和「船」的詞彙才在他們向外擴散的過程中逐漸發展。

至於臺灣語言為何未能保留古南島語中的舟船詞彙，有人或許會懷疑是集體遺忘了。

然而，臺灣原住民包括了高山族、平埔族等近二十族，語言類型多達三十餘種，這麼多族群居然都「同步遺忘」？這可說不過去吧！因此，我們基本可以確定：臺灣先民早在冰河期結束之前就已經安居在這裡了。

考古證據也來加把勁兒！長濱文化的遺跡可追溯到一萬五千年至五萬年前，左鎮人的歷史則約在二萬年至三萬年前，證明冰河期前的臺灣早就熱鬧非凡。透過這些研究，我們不僅瞥見了遠古臺灣與大陸的緊密連結，還了解了臺灣在地質歷史上的特殊地位。

這些證據不僅解開了「缺船之謎」，也提醒我們：要珍惜這塊土地上的文化與自然遺產！畢竟，它們可是時光老人留下的「無價之寶」。

海底古城：臺灣的高科技歷史秘密大揭密

在臺灣及其周邊海域，考古學家們總是不斷挖掘到驚喜——這片土地不只盛產美食和夜市，還有許多深埋於歷史長河中的文明遺跡，讓我們一邊吃著鹹酥雞，一邊探討臺灣與古代文明的神秘聯繫吧！畢竟，在看不見的深海裡，臺灣可能曾是古代大國的豪華首都！

以下是幾個讓你驚呼「這真的不是科幻片？」的具體例子：

1. 臺灣附近的古代海底建構物

冰河時期結束，海平面上升，昔日的太陽帝國城市紛紛變成「海底王國」。聽起來有點像《海王》電影的情節，但這可是實實在在的考古發現！

澎湖虎井嶼海底沉城：當你以為澎湖只有美麗的沙灘時，別忘了海底下可能埋著一座古城。傳說中，這裡的居民可能是太陽帝國的「水中人」？

東吉嶼西側鋤頭嶼的海底石牆：石牆的遺跡像是古代的防禦工事，難道當年這裡有場「冰河版的城堡攻防戰」？

貢寮卯澳的海底建構物：當地的水下結構看起來非常「手工打造」，說不定古代人早就發明了「水下建築工程」這項技能。

與那國島海底建構物：距離臺灣不遠的日本海域也有類似結構，難道這些島嶼曾經是某個古文明的「小鎮聯盟」？

2. 臺灣的人工地洞

你以為地洞只會出現在電影中的逃生場景嗎？臺灣境內的百餘座人工地洞可是實實在在的古代產物。當時的居民可能用它們來儲存食物、躲避颱風，或舉辦個「古代版地洞派對」！無論用途是什麼，這些地洞表明，古人對地下世界有著不小的「鑽研精神」。

3. 臺灣是巨石文明的原鄉

沒錯，臺灣也有自己的「巨石陣」，只不過它們更「本土」。這些巨大的石構展示了古人的高超建築技術和肌肉力量。當時的人可能就是現代「健身達人」的祖師爺吧！更棒的是，這些石頭還帶有一點臺灣的獨特風味——或許古人搬石頭的時候，也順手種了些現在的芋頭和蓮霧。

4. 其他古文明遺跡

太陽帝國的古文字：這些古老的符號和刻痕看起來像是「史前版的表情符號」，古人可能用它們來表達當時的潮流話題。

臺灣東北部的先民工業園區遺址：臺灣的「工業園區」可不是現代發明，早在幾千年前，先民們可能已經開始生產出各式各樣的「古代精品」。

上古時代的中國貨幣來自臺灣：這聽起來像是臺灣早期就已經是「國際金融中心」，甚至連上古中國都來這裡取材鑄造貨幣。

南島語族的原鄉是臺灣：看來我們真的有理由驕傲，臺灣不只擁有超級美味的小吃，還是南島語族的「發源地」。

蓬萊仙島就是臺灣：從古到今，臺灣一直是人們心中的夢幻仙境。從中國的傳說到現代的旅遊廣告，都在宣揚這個地靈人傑的「寶島」。

這些例證不只讓臺灣在古代文明中脫穎而出，也讓我們有更多的理由相信——無論你是在探索臺灣的夜市，還是在深海潛水，你都可能會不小心踩到一塊千年前的「古文明磚塊」！這些遺跡，不僅豐富了學者的研究材料，還讓我們在現代生活中多了一些神秘的想像空間。

臺灣東部深海的神秘水域中隱藏著古代高科技文明

在臺灣東部深海的神秘水域中，據說隱藏著一個名為「尼萊加奈」的古代高科技文明。想像一下，這不是普通的八卦，而是滿滿的爆炸性消息！這片深海下的秘密傳說似乎和現代的科幻不謀而合，因此我們暱稱它為「傳說之環」。這個海底世界，彷彿有著奇異的能量場，吸引著無數的想像與猜測。

有人說，尼萊加奈是外星人發音的版本，畢竟，古琉球語的詭譎音律可是讓人猜不透。想要探究這片水域，得先穿越層層軍事巡邏，像是闖進《變形金剛》的拍攝現場一樣。軍艦、潛艇在這裡如影隨形，甚至讓勇敢的科學探險家也只能說聲抱歉，望而卻步。

說到深海奇蹟，NASA的海底地圖也出了一點「狀況」。在臺灣東北部的海底竟出現了奇異的圖案，不但逐漸連成直線，還有類似的現象靠近沖繩！這些規律的排列到底是什麼？會不會是沉沒的城市呢？讓人不禁想問，這些高科技遺跡是如何神秘地沉入海底？

接著，我們來到距離臺灣僅110公里的與那國島，這裡面積不大，人口也才1千7百多，但一到晴天，竟能望見臺灣的影子。小小的與那國島卻隱藏著驚心動魄的古老習俗和傳說。相傳，每年當孕婦來到島上的「久部嶺」——那是一塊巨石，上有一道深達7公尺的裂縫——她們得跳過這條裂縫以證明自己的勇氣。跳得過去，就能平安生產，跳不過去？嗯，結局可是有點令人不忍。

這個島上還流傳著戰鼓聲的故事。據說，夜深人靜時，響起的鼓聲會喚醒所有男子，他們必須立刻集合，稍微遲到可是會被斬首的！這種嚴酷的古代「晨跑」制度真是別具一格，簡直像是小島上的人口控制措施，因為當年與那國是琉球王國的附庸，每年要繳納「人頭稅」，人口少了就省稅金，與那國王便發明了這個「減員增效」的主意，令人不寒而慄。

一九八六年，探險家松木八郎在這片水域發現了所謂的「水下金字塔」。這個巨大的矩形結構長達270公尺，石面光滑無比，像是用高精度工具切割出來的，彷彿見證了某個遠古的工匠技術。裡頭還有階梯、拱門，甚至刻有鳥、龜等浮雕，整個建築的完美度令人驚嘆，彷彿是某位外星建築師的作品。

琉球群島一直流傳著這樣的傳說：海的另一端有個神秘的國度「尼萊卡奈」，那裡的神靈會來到琉球，帶來智慧與技術。這一傳說和其他古文明的洪水故事交織，難道這些隱藏在水下的遺跡真的是尼萊加奈的遺物？還是說古代的先人們曾避難至琉球群島，在高處尋找庇護？

話說大阪的古蹟你可別忽略了。豐臣秀吉在一五八三年修建的大阪城，其實最早是一座寺廟——石山本願寺，這些建築彷彿是時光機，靜靜見證著歷史的變遷。

臺灣澎湖海底發現虎井沉城：古地圖透露線索，臺灣是全球最古老的先進城市

對於「澎湖」很熟悉吧？但是你有聽過「虎井沉城」嗎？這可不是海底的一家新開的餐廳，而是臺灣海峽中的一個古老城市，據說比我們的手機還要古老！這座海底古城不僅擁有美麗的自然景觀，還藏著一個讓人心跳加速的考古發現，難道澎湖真的是1萬3千年前的紐約？！

根據《澎湖縣誌》「虎井澄淵」上記載：「虎井嶼東頭突端海底，有一座沉城，從突端高處俯視，確有一道狀似城牆，繞圍突端，隱於海中，清晰可見，兩端漸向深處而渺，俗稱為虎井沉城。」虎井沉城傳說已兩百年。《澎湖縣誌》早已提到這座神秘的沉沒古城，說是從虎井嶼東頭的海域能清楚看到遺址。一九八〇年代，臺灣的潛水考古學家謝新曦潛水探險，結果在虎井嶼周圍發現了這座傳說中的沉沒城市。這一發現簡直像是學術界的「驚天大消息」，讓大家都開始熱烈討論古代文明的存在，甚至引發了熱愛遠古文化的網紅們紛紛組團潛水。

根據專家的研究，這座海底古城的遺跡被認為是全世界最早的城市之一，這不禁讓人想問：難道古人也開始玩城市規劃了嗎？目前已知的最古老城市，應該是九千年前的以色列耶律哥城的瞭望台，直徑約有10公尺。可是，虎井嶼海底的十字城北端圓形建構物直徑竟然有20餘公尺，與耶律哥城的瞭望台相似，沒錯，但它不僅更古老，還更大，顯示這是一個人為建造的結構。至於那獨特的十字形城牆，簡直讓人驚嘆：古人的建築技術已經強大到不像話，這不是隨便堆積的東西！據說有十項科學證據證明這些城牆是人工建造的，真是太厲害了！甚至連現在的建築師看到後都可能會感到自愧不如。

澎湖群島擁有多達90座島嶼，其中虎井嶼的面積只有2．13平方公里，但這小小的地方卻成為學術研究的焦點，簡直是「小而美」的代表！根據澎湖縣長謝有溫的水底探索計畫，從一九七〇年代開始尋找這座古城，一九八二年終於讓謝新曦在虎井嶼東北角的海域發現了兩道長約一百公尺的石牆，這些石牆高達三公尺，呈現十字形狀，簡直是古代的地標！

不過，這些石牆的真實性質引發了學界的熱烈討論。初步檢測顯示，石牆的材料為當地常見的玄武岩，學者們對其年代和用途還是持保留態度，甚至有人懷疑這是大自然的手藝，這可是讓石頭心裡都美滋滋的！

隨著時間的推移，18年後，遠古文明研究者格雷厄姆．漢考克重新關注這項發現，竟然把它跟一四二四年的神秘波特蘭海圖聯繫起來。據說這地圖上標示的兩座神秘島嶼——安提利亞島和薩塔納茲島，現在已經消失在現代地圖上，難道古代的海盜把它們給偷走了？漢考克推測它們可能因地理變遷而沉沒，這樣的聯想，簡直是滿滿的懸疑劇情！

隨著考古學家們重新檢視澎湖群島的地質歷史，大家都知道冰河時期的海平面比現在低了約 120 公尺，那麼現今的澎湖海底曾經可是陸地！如果這座古城遺跡能追溯到 1 萬 2 千年前，那麼它將成為人類歷史上最早的城市之一。這項發現打破了學術界對早期人類文明的認識，為研究遠古文明提供了新的線索。

不過，令人遺憾的是，儘管這座遺址的歷史和文化價值非凡，臺灣至今還無法提出世界文化遺產。這種「不作不死」的狀態，真是讓人搥心肝啊！虎井沉城的歷史可以追溯到冰河時期，距今實在是太遙遠，學術界至今尚未發現其他確鑿的人類文明遺跡，這讓虎井沉城的發現更顯得珍貴。

深入探勘這座沉沒城市，不僅能揭示更多古代人類社會的未解之謎，還能為全球歷史學與考古學界提供新的視野。我們呼籲臺灣的學者們和相關單位，趕快行動起來，展開對這遺跡的調查，讓這座古城不再是「睡美人」，而是讓它真正被世界認識！

如果能妥善保護和發展，虎井沉城將有潛力成為澎湖乃至臺灣的重要觀光資產，吸引無數旅客前來探險。這樣一來，澎湖就不僅是美麗的自然風光，更是全球文化遺產的重鎮，讓大家在享受陽光沙灘的同時，也能邊吃邊學，帶著微笑和發現的好奇心，來一場穿越時空的旅程！

臺灣琉球群島到日本的整個區域是一片大陸，這是一個古代的高科技文明

從臺灣延伸到琉球群島，再往北至日本，這片區域在遠古時代可能曾是一個連綿的大陸，承載著一個高度文明的古代社會。這個假設背後蘊含了豐富的傳說和神話，暗示著該區域可能曾有高度的技術知識和文化交流。

古代的高科技文明不僅僅局限於人類的想像。許多故事中提及了與海洋相關的神靈、異族的出現，以及他們帶來的智慧和技術。從臺灣流傳到琉球的海神信仰便是其中之一，琉球神道中描繪了一個名為「尼萊卡奈」（Niraikanai）的神秘世界，據說居住於海底，偶爾現身指導人類。這樣的描述，使人聯想到海洋中可能存在一個古老的文明。

琉球神道的神話不禁令人想起蘇美爾神話中的「奧安內斯」（Oannes），一個從海底現身、穿著鱗片衣的神祇。他傳授人類知識和技術，與琉球的尼萊卡奈信仰有異曲同工之妙。這些古代神話或許反映了古人對海洋力量的崇敬，以及對未知文明的遙想。

臺灣及周邊的洪水傳說與生存之道

在臺灣流傳著一個洪水的故事。當大洪水來襲時，人們逃向中央山脈的高處，而傳說中的神祇從海中現身，救助了那些無法逃離的人。這不僅僅是臺灣的神話，這樣的情節也出現在《死海古卷》中。挪亞方舟的故事中，神祇幫助人類在洪水中倖存，而這種神話中的洪水情節也常見於世界各地。

人們逃離洪水後的去向耐人尋味。根據地形，往東北方向的高地最適合成為避難之所，這可能暗示了古人從臺灣到琉球、九州，最終到達日本的遷徙之路。這片區域的山脈高聳，形成了天然的屏障，這一過程或許是古代文明擴展的證據。

日本古代遺跡與古文明痕跡

在日本，尤其是大阪和奈良一帶，存在著許多巨石建築和遺跡，例如大阪城下的巨石，和奈良的「增天石船」。這些巨石的重量往往超過數百噸，並且被完美雕刻，彷彿是為了某種特殊的功能。這些遺跡讓人懷疑，是否曾經存在一個高科技的文明，使用這些巨石作為某種裝置或建築的基礎。

大阪城的天守閣以及石山本願寺的傳說，更加強了這種神秘感。寺廟基石無故發熱的現象，也許是人們對古代神祇力量的想像，但這樣的描述卻增添了古代文明的科技色彩。在日本，巨石的存在不僅僅代表著古人的建築技術，還可能暗示著一種超乎當時的科技水平。

琉球的蛇神與古代創世神話

琉球地區也有許多關於蛇神的神話，特別是在宮古島上流傳的故事中，蛇神被視為創造者，甚至曾和人類結合，生下優秀的後代。這類故事不僅展現了琉球人對自然力量的崇拜，也揭示了古代人類與其他神秘生物之間的關係。這些傳說或許是古人試圖理解自身起源的嘗試，並體現了古人對生命起源的神秘想像。

古代文明遺產的啟示

臺灣、琉球、日本這片區域的傳說和遺跡共同塑造了一幅神秘的文明圖景。這些故事和遺址背後蘊含著古人對洪水、神靈、智慧以及技術的理解。它們或許是古代高科技文明留下的痕跡，或許是古人對自然現象的記錄，這些都成為我們探索古代文明的珍貴線索。今天，我們可以從這些遺跡中重新審視人類的過去，並試圖揭開那些隱藏在歷史中的真相。

麻省理工的研究：距離臺灣不遠的與那國島海底有類似建構物

近期，麻省理工學院的研究小組揭露了在臺灣東部海域，與那國島附近海底存在的類似建構物，這引起了廣泛的關注和討論。這片水域被認為隱藏著一個失落的古代高科技文明——「尼莱加奈」，其傳說和考古發現讓人對這片神秘的海域充滿了好奇。

與那國島位於臺灣東方，距離臺灣僅約110公里，島嶼面積不大，歷史悠久，甚至早於中國明朝就已經有人類居住。根據古琉球語的傳說，「尼莱加奈」的意義至今尚未明確，但其與古代海洋文明的聯繫卻引起了研究者的高度重視。特別是一九八六年，日本探險家真松木八郎在海底發現了一座巨大的矩形石造建築，這座水下金字塔的長度達270公尺，寬120公尺，高26公尺，表面光滑，切割精細，顯示出不尋常的工藝。

日本探險家的水下探險：揭開與那國島水下金字塔的神秘面紗

一九八六年，與那國島的水下探險就像是一場不期而遇的奇幻冒險。當時，一位名叫新嵩喜八郎的日本探險家潛入深海，沒想到一頭撞上了歷史的幽靈！在水下25公尺的地方，他發現了一個巨型石頭建築，長270公尺、寬120公尺、高25公尺，簡直可以說是海底的「大樓」！而這可不是普通的建築，因為它的切割技術可謂精準得令人驚訝，石頭的表面光滑得就像剛從美容院出來的貓咪，沒有一絲海水沖刷留下的碎石，堪稱水下的「光滑界女王」。

更神奇的是，這個建築裡居然有巨大的階梯和通道，還有那些像是為了拍攝一部海底科幻片而設計的排水渠拱門。建築中心的浮雕則讓人捉摸不定，像是一隻正在海裡打盹的烏龜或是一隻星星形狀的海鳥，讓人忍不住想拍下來放上Instagram。

這個被譽為與那國島水下金字塔的結構，讓日本海洋地質學家木村政昭得出了非自然形成的結論，簡直是石頭界的「外星人建築」。而另一位學者，東京都立大學的貝冢爽平，則在他的論文《發達史地形學》中推測，這座金字塔並不是因為地震下沉，而是因為海水自己溜上來的，難道說是遠古的大洪水把它撈上來的？！

更有趣的是，與那國島的形狀平坦得像是被巨大的手掌拍扁，完全不同於臺灣那中央山脈的尖峰。這讓人想起了秘魯的納茲卡線，難道這座平頭山也曾經是遠古高科技的飛行器升降台？想像一下，這些平坦的山丘就像是過去飛行器的秘密基地，直升機飛過，還要給飛行員來個降落指引！

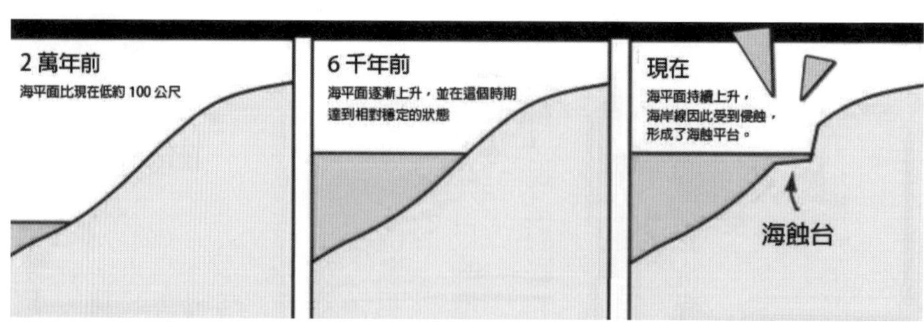

所以，當你下一次潛入海裡，別忘了看看周圍，或許你也能遇到一座水下金字塔，跟新嵩喜八郎一樣，展開一段意想不到的歷險！

琉球大學與東京大學研究水下金字塔採集岩石樣本

琉球大學和東京大學的研究團隊最近也對這片海域進行了深入調查，他們採集了水下金字塔的岩石樣本，並發現這些石材的特性與已知的古代建築材料大相徑庭。這引發了有關這些結構可能的功能和歷史用途的討論。根據琉球大學的貝塚浩平教授的研究，這些水下金字塔的形成與海平面自然上升有關，而不是因為地震等外部力量的影響。這一觀點為我們理解古代文明的消失提供了一個新的視角。

這些發現不僅增添了對於與那國島及其周邊海域的神秘性的興趣，也激起了對古代文明的想像。許多學者推測，這些古代結構可能曾是繁榮的海底城市的遺跡，或許是與外星文明接觸的證據。這些論點在當地傳說中獲得了一定的共鳴，例如阿美族神話中提到的與「尼萊卡奈」的聯繫，暗示著古代人在海洋中見證過某些神秘的現象。

隨著麻省理工學院、琉球大學及東京大學的研究持續深入，我們對於這片神秘海域的了解將不斷加深。古代高科技文明的真實性仍待考證，但這些探索無疑為我們打開了一扇通往未知的窗口。隨著科技的進步，我們或許能夠更接近這些失落文明的真相，揭示埋藏在海底的歷史故事。未來，這些研究將繼續挑戰我們對於人類歷史的認識，也許在不久的將來，我們會發現更多關於「尼萊加奈」的秘密。

第三章　臺灣——所有人類共同的祖先，讓人腦洞大開

人類的起源一直以來都是歷史學和考古學界最愛爭論的話題，就像老闆對加班的看法一樣多變。近年來，美國麻省理工學院的研究透過模擬計算，提出了一個引人入勝的觀點：地球上所有人類的共同祖先可能竟然來自臺灣！臺灣這個四面環海的寶島，可能就是人類血脈的源頭。這不僅讓人腦洞大開，也引發了許多熱烈的討論。

麻省理工學院於二〇〇三年發表的研究，地球上所有人類的共同始祖是臺灣人

在這篇來自麻省理工學院的論文中，研究者假設地球上所有人類有一個共同祖先，並指出這位祖先可能是兩千多年前的臺灣人。雖然聽起來像是電影情節，但實際上，人類的繁衍速度和臺灣對外的交通發展，都可能解釋這一結論。古代臺灣是航海民族的高地，原

住民祖先不僅在臺灣繁衍生息，還四處奔波到菲律賓、印尼，甚至更遠的馬達加斯加和復活節島，形成了南島語族的傳播。

這樣的擴散，讓人不禁驚訝這些歷史事實對我們血緣關係的影響。我們或許可以以全新的視角來看待這段歷史，驚訝於我們與人類共同祖先的血緣聯繫，並意識到這種聯繫的深遠意義。

這一說法源於麻省理工學院於二〇〇三年發表的論文《On the Common Ancestors of All Living Humans》。該研究假設，如果現代人類有一位共同祖先（可以想像成亞當和夏娃），那麼這位祖先究竟來自何處？距今最晚可以追溯到多少年前？

透過一系列模擬和計算，研究結果驚人地顯示，這位最近的共同始祖可能是生活在兩千多年前的臺灣人。換句話說，可能在兩千多年前，臺灣島上的一位居民（當時他們可不會自稱「臺灣人」，但我們姑且這樣稱呼，以便理解）就是今天我們所有人類的祖先。

看到這一結論，難免會有人質疑：怎麼可能？當今地球上的人口已超過80億（二〇二四年資料），如何能有一個人生活在兩千多年前，並繁衍出如此眾多的後代？更何況這位祖先居住在一個四面環海的島嶼上，難道是靠「海綿寶寶」的洗衣粉嗎？

然而，有兩個因素是我們難以想像的：人類繁衍的速度，以及臺灣對外的交通發展。回顧人類的繁衍，人口增長的速度可能比我們想像中快得多，甚至快到讓你懷疑自己是不是在《數字人生》裡。

為了測試不同遷徙參數的敏感度，模型A包括五個大陸，每個大陸有60個國家，每個國家包含80個城鎮，形成一個完全連接的結構。這些大陸透過港口相互連接。

研究指出，許多較小的島嶼在歷史上曾有效隔離，可能在早期就被歐洲人殖民，當這些島嶼被發現時，其本土人口因疾病或奴役而大幅減少，以至於不再存在純粹的本土後裔。然而，安達曼群島因其孤立的部落而聞名，這些島嶼與緬甸、泰國、印尼和印度的距離足夠近，保持了相對穩定的聯繫。

人類共同祖先研究成果與遷徙模型探討

這項研究探討了三種不同的遷徙模型，來了解人類的演化歷程和我們這些「千古不變」的共同祖先。

遷徙模型

1. **模型一**：想像一下臺灣是一個大型的派對場，人們在不同的島嶼或大陸上隨機配對，偶爾跳上一艘小船去隔壁島遛個彎，然後又回來。

2. **模型二**：這個模型把島嶼和大陸擺得整整齊齊，像是在畫一幅完美的地圖，以便更精準地模擬人類的「外出吃飯」行為。

3. **模型三**：用歷史或史前的遷徙數據，進行全球模擬，這就像在玩一場大型的「尋寶遊戲」，不過尋找的寶藏是人類的起源。

壽命與繁衍

在這些模型中，研究並不假設每個人都長命百歲，而是為每個個體設定特定的壽命，最高可達100歲。死亡的概率就像我們在考試中猜答案，使用 Gompertz-Makeham 公式來計算，考慮到歷史壽命和事故等因素。另外，性成熟年齡設定為男女皆為16歲，只有活到成年的人才算數——這就像說，只有那些拿到駕照的人才能開車。

遷徙結構

模擬的世界被劃分為大陸、國家和城鎮，就像一場「人類的國土大遊戲」：

- **大陸**：大陸就像大型陸地塊，洲際遷徙的可能性就像冬天穿短袖一樣低。歐洲、亞洲和非洲被視為一體，而南北美洲和大洋洲則組成其他大陸。
- **國家**：每個大陸被劃分為60個國家，這些國家呈網格狀排列，反映文化或地理上的「交通堵塞」。
- **城鎮**：城鎮就像小型社會單位，居民通常在這裡尋找配偶，就像尋找合適的洗衣粉一樣。城鎮之間的遷徙比國家間或大陸間的往來要頻繁得多。

在個體一生中，遷徙的次數限於一次，並且必須在成年前完成，像是設置了一個「只能參加一次派對」的規則。遷徙的可能性受到多種因素的影響，簡直就像人生中的隨機事件：

- **ChangeTownProb**：遷徙到同一國家內另一個城鎮的概率。
- **ChangeCountryProb**：遷徙到同一大陸上另一個國家的概率，通常像是過年回家那樣低。

・**NonLocalCountryProb**：決定個體遷徙到鄰國或其他大陸上國家的可能性。洲際遷徙則由港口管理，就像海鮮市場一樣，港口調控著大陸之間的遷徙，讓大家在不同的國家之間「捕魚」。

為了測試不同遷徙參數的敏感度，模型 A 設計了五個大陸，每個大陸有60個國家，每個國家又有80個城鎮，形成一個完全連接的結構。這些大陸透過港口互相連接，像是一場沒有結束的連鎖反應。

研究指出，許多較小的島嶼在歷史上曾有效隔離，這些島嶼就像失落的文明一樣，當被發現時，本土人口因疾病或奴役而大幅減少，至今已無純粹的本土後裔。然而，安達曼群島因其孤立的部落而聞名，這些島嶼與緬甸、泰國、印尼和印度的距離足夠近，保持了相對穩定的聯繫。

雖然目前的模型仍有許多限制和不受約束的參數，但設計時努力使其偏向過於保守的假設，以便結果顯示我們的祖先可能是一位不太頻繁出現的「隱士」。模擬預測顯示，我們所有人都共享一位生活在70到170代之前的共同祖先。這位祖先或許與現代人的基因型無直接關聯，但這一發現對於了解我們的「血緣關係」卻是相當重要的。這項研究受到美國國立衛生研究院的支持，特別感謝史蒂夫．奧爾森和約瑟夫．張的貢獻。

人類起源的秘密：全世界都起源於臺灣的薩納賽！

南島語系是全球最廣泛使用的語言之一，特別是在島嶼地區中。為什麼這樣的語言主要存在於島嶼上？或許這與「阿爾卡達格蘭」的神話有關。根據該神話，這些人並非臺灣的原住民，而是來自一個神秘的地方，稱為「薩納賽」。至今仍沒有人能確定「薩納賽」的具體位置，相關的資訊極其稀少。

不過，臺灣的其他民族，例如阿美族和卡馬蘭族，幾乎都講述了相同的故事，聲稱他們的祖先來自「薩納賽」。有些族群甚至清楚地指出，他們的起源在「薩納賽」的方向，臺灣東部有一個名為綠島的地區被稱作「薩納賽」，但當地人表示，這只是他們祖先途經的島嶼，這暗示著「薩納賽」背後還隱藏著另一個地方，位於太平洋中，這個地方的名字早已被遺忘。

臺灣原住民的神話中，幾乎都講述著類似的故事，因此這片廣大的區域被稱為「薩納賽神話圈」。在這背後，是否隱藏著一片沉沒的大陆呢？姆大陸的存在並日本的研究揭示，臺灣擁有多個原住民族，而日本亦擁有自己的原住民族，例如阿伊努族，紐西蘭則有毛利人。他們皆有著全身刺青的習慣，並且刺青的部位與圖案非常相似。

古時候，只有高貴的祭司才有資格擁有刺青，因為他們與神明的聯繫最為密切。這些刺青中包含了四個元素：神蛇、太陽與人類。刺青並非僅僅為了美觀，在古代的刺青過程中是非常痛苦的，通常是使用石頭來雕刻。

這些刺青所傳達的究竟是什麼？實際上，它們記錄了排灣族數千年的創世神話。根據傳說，宇宙之初有一位名為「卡多」的太陽神，他是至高無上的存在。在虛空中，他創造了一個陶罐，並在其中孕育出男人與女人。事實上，這個陶罐就像一個巨大的蛋。隨後，太陽神命令百階蛇孵化這個蛋，直到蛋殼破裂，男人與女人成為人類的祖先，這意味著他們是第一批來到地球的神明。

傳說中，百階蛇並非現今所知的蛇，它們能夠說話，並擅長於對話。蛇的後半部分並不是尾巴，而是擁有腳，能夠變成類人形。只有精神非常強大的人才能夠看見它們的真實身形。它們是蜥蜴人，還是聖經中伊甸園的蛇？

這些刺青中，頭上有四條線的形象象徵著太陽神或他的子嗣，而下面的蛇紋則代表了協助神明創造人類的蛇。中間的小人則代表著人類。然而，中央的十字形到底象徵著什麼？它是太陽嗎？根據邏輯，太陽應該與神明同在，為什麼會出現在這個位置呢？

這個符號的中心是一個圓圈，周圍有四條線，這看似一個十字架。這究竟意味著什麼？為何原住民中也出現十字架的符號？讓我告訴你，這並不是十字架，而是一張地圖。

這個十字架符號實際上是卍字的變種，卍字在史前時代遍佈世界各地。從衣索比亞、非洲、希臘、印度、西藏，甚至到北美的印第安人，皆有鉤十字符號。這些符號被雕刻在地板、寺廟服飾以及陶器上，顯示出這個符號對人類祖先的重要性，乃是神賜予人類的象徵。

非洲的祖魯族領袖穆圖瓦曾說，當歐洲殖民者高舉十字架進入非洲時，非洲人心中充滿矛盾。他們一方面拼命抵抗殖民者，另一方面卻無條件地皈依基督教，這實在是非常矛盾的現象，因為他們早在數千年前便認識了這個十字架的標記。

這被稱為神的標記，必須被銘記。因此，他們在與歐洲的傳教士會面時毫無抵抗地接受了，並直接皈依了天主教，這是瑪雅人的秘密。這一部分非常值得理解。

當西班牙征服者與傳教士進入瑪雅人的領土時，瑪雅人是這樣看待的，令人驚訝的是，當他們看到十字架的雕像時，所有人立刻跪下，稱讚他們為神的使者，並表示願意全心全意地侍奉他們。瑪雅人將這些征服者視為神明，當西班牙征服者生病或在戰鬥中喪命時，他們也會靜靜地埋葬他們，因為他們擔心被瑪雅人識別出來。最終，西班牙征服者以200名男子的力量，毀滅了2千萬的瑪雅帝國，這個故事極具深度，值得大家去深入探究。

在亞述巴尼帕爾的圖書館遺址中，也挖掘出了一些小圓柱。這些圓柱被稱為蘇美爾的王室印章，上面雕刻著與神相關的圖像。蘇美爾的貴族們無法離開他們的粘土板或陶器上的滾動印章圖案。透過這種方式，他們能夠製作重要的粘土板並實施防偽標記。這些印章具有共同特徵，其中包括閃亮的太陽和彎曲的月亮。

而當月亮與太陽同時出現時，許多事件便隨之而來。戴著高帽的人們並非人類，而是身著角帽的阿努納奇神。這就是問題的關鍵所在：為何所有的粘土板上都刻有太陽與月亮的圖案？為什麼這兩者會同時出現？更為奇怪的是，為何在其他印章和石雕中，會有兩個太陽和一個月亮？

這些都代表著古代地球的終極秘密。在蘇美爾文的楔形文字中，有一個重要的字符，名為丁基爾，象徵著天堂與神靈。兩個丁基爾的結合意味著從天而降的神。阿努，阿努納奇是阿努神的兒子，正如聖經創世記中所描述的，神的兒子來到了地球，與人類女性結合，誕生了尼非林的巨人。

這些角色丁基爾後來來到了巴比倫，這也使其形象與十字架產生聯繫。在大英博物館中，有一件高達3公尺、重達4噸的作品，名為亞述王，這些符號顯然不是巧合，而是表達著某種文化信仰。

讓我們回到臺灣的原住民，排灣族的刺青與其背後的故事是如何連結的呢？這些刺青不僅記錄了排灣族的創世神話，還可能與更早的傳說息息相關。這也許是一個深奧的提醒，告訴我們關於「薩納賽」的故事。這些故事與文化在多元的文化交流中互相交織，從而形成了今天的臺灣。

這份文化的多樣性，不僅在於語言或刺青，更在於無數的神話與傳說，塑造著這片土地上所有的生命。人類在這片土地上奮力追尋，不斷探索著自己的根與源，這是人類共同的故事，也是每個文化所傳承的記憶。

小小臺灣的偉大故事：南島語族四億人的起源

根據語言學的研究，臺灣的原住民族大多使用南島語系的語言。從北方到臺灣，東方延伸至復活節島，最西端是非洲的馬達加斯加，再向南直至紐西蘭的最南端，這一片廣大的區域都通行南島語系，許多詞彙相互之間有著驚人的相似性，這實在令人驚訝。

根據凱達格蘭的神話，他們的祖先並非源於臺灣，而是來自遙遠的薩納賽。雖然薩納賽的記錄稀少，但臺灣其他原住民族群，如阿美族和卡那卡族，皆講述著相似的故事，暗示著他們都源自於同一地點。臺灣東邊有一個名為薩納賽的綠島，傳說這是他們祖先曾經停留的地方，背後隱含著更深的謎團，與傳說中的沉沒大陸姆大陸（Mu）有關。

南島語族及薩納賽的來源，究竟在哪呢？答案竟然是——姆大陸！根據研究，臺灣原住民的祖先在冰河時期漸暖後，從其他古陸北移，像是走過西太平洋的「南海古陸快線」，一路來到了臺灣及其北方。聽起來像是古代的跨海大遷徙，但更有趣的是，臺灣的南島語族古語居然缺乏航海舟船的詞彙，而其他地區卻沒有這個缺陷！這就像告訴我們，臺灣的先民在冰河時期時，可能還不太需要划船——大家都定居了嘛！而且，南島語族的祖先其實就是來自臺灣的原住民，簡單來說，就是姆大陸「太陽帝國」的嫡系子民哦。

臺灣水下有隱藏的姆大陸：臺灣長輩口中的「大西國」

你是否曾聽過祖父提起過「大西國」的存在？所謂的「大西國」，其實指的就是亞特蘭提斯（Atlantis），意為「阿特拉斯的島嶼」，亦被譯為大西洲或大西國。根據傳說，亞特蘭提斯擁有高度發展的文明，遠遠超越當時其他地區的科技與文化。

神秘的姆大陸（Mu）

傳說中的姆大陸（Mu）位於現今太平洋的深處，據說當時它的版圖大得驚人：南起塔希提，北到夏威夷，東抵復活節島，西至馬里亞納群島，總共橫跨約7千公里，南北寬5千公里，差不多是南、北美洲面積的總和。相傳在半個世紀前，日本的漁民偶然發現與那國島西南方海底藏著龐大的金字塔與古城堡。後來，當地潛水專家在一九八六年將這片神秘區域命名為「遺跡潛水觀光區」，不僅引來攝影家和觀光客，也激起了當地學者的研究熱情，展開了海底考古的探索。看來，這個傳說中的姆大陸（Mu），還真有些「證據」支持它的存在呢。

考古學家推測姆大陸（Mu）和亞特蘭提斯是同一個大陸，這到底是怎麼回事？

想當年，十九世紀的德國考古學家施里曼，簡直就像是考古界的超級英雄！他對荷馬史詩的熱愛可謂如痴如醉，將自己的一生都奉獻給了挖掘這些「文藝虛構」的古國度——特洛伊、邁錫尼和梯林斯。結果呢？他的努力讓這些曾被當作小說的地方，成為了世界知名的歷史事實，甚至讓他自己成為了考古界的小明星。這位「史詩考古學家」還根據《特洛亞諾古抄本》和《拉薩紀錄》的明顯記載，推測姆大陸（Mu）和亞特蘭提斯是同一個大陸。哇，這可真是個驚人的發現啊！

姆大陸（Mu）和亞特蘭提斯，或許是古臺灣的雙胞胎兄弟！

現在來聊聊姆大陸（Mu）和亞特蘭提斯。除了名字不同和至今還沒找到的遺址之外，這兩位「失落的兄弟」還有15項共同點！這樣一來，考古學家們可算有了新方向：也許這兩個地方真的是同一個古文明的大陸，他們的統治者更是「太陽帝國」這個響亮的名字！而且，根據推測，這個太陽帝國的所在地就是古臺灣島，甚至都城還在蘇澳灣附近。難道世人一直尋找的失落文明大陸，所謂的姆大陸（Mu）或亞特蘭提斯，甚至是伊甸園和人類母國，其實都是在呼喚著古臺灣的名字？

一八六八年英國人邱池沃德還畫了一幅地圖，描繪了太陽帝國如何向世界各地開疆拓土，讓我們這些好奇的考古迷都忍不住想去尋找那傳說中的古臺灣島，看看那裡到底藏著什麼驚天的秘密！是不是應該趕快訂機票，準備一場「失落文明之旅」呢？

最早的文明大陸：從潘大陸、雷姆利亞文明到姆大陸與亞特蘭提斯

在地球的遠古歷史中，潘大陸無疑是最為廣闊的文明發源地之一。隨著潘大陸的沉沒，文明的範圍逐漸縮小，而最終消失的神秘大陸——姆大陸（Mu）與亞特蘭提斯，大約在1萬2千年前神秘蒸發，成為歷史上最難解的謎團之一。潘大陸和姆大陸的故事，是古代文明起源的奧秘，至今仍引發著學者和探索者的深刻思考。

失落的潘大陸：世界文化起源的海洋文明

潘古文化被認為是中國、埃及、印度、墨西哥和秘魯等古代文明的發源地。潘族的遷徙解釋了哥貝克力石陣（Gobekli Tepe）與托爾特克雕刻、以及日本和復活節島的石塔之間的相似性。潘的母語也隱藏在不同語言的詞根中，這些語言包括克丘亞語、梵語、日語、希臘語和蘇美爾語，甚至英語中的“pan”前綴也表達了「全涵蓋」的含義。

2萬4千年前，位於太平洋的潘大陸（又稱雷姆利亞或姆大陸）遭遇毀滅，成為人類歷史上最大的災難之一。然而，這場災難也促使了一場史前的黃金時代，這源於諾亞的後裔，他們預見到災難並做好準備，組織了五支艦隊成功逃脫。他們帶來的優越文化成為中國、埃及、印度、墨西哥和秘魯文明的起源，並解釋了為何這些文明在如此遙遠的地區突然出現了相似的先進知識和藝術。

泛太平洋沉沒大陸

太平洋中存在一個廣闊沉沒大陸的說法，自丘奇沃德（Churchward）提出「失落的姆大陸」（Lost Continent of Mu）的著作後，成為大眾熱議的話題。然而，早在20世紀初丘奇沃德的著作問世之前，世界各地的古老神話與傳說中就已有關於大陸沉沒海底的故事流傳。

關於這片失落大陸的實際位置、規模、居民以及其沉沒原因，一八八二年首次出版的《Oahspe》一書中提供了詳細的揭示。自這部非凡著作問世以來，已有相關證據支持這片大陸確實存在於書中所描述的位置。然而，這些證據的真正意義尚未在研究者和科學家群體中普遍認可。本文以及隨後的兩篇相關文章將探討部分證據。值得注意的是，這些證據在《Oahspe》出版時尚未被發現，甚至當時尚未發明能夠揭示這些事實的技術。

在地質學界，有關太平洋海底地殼、海底山脈與深海溝的研究催生了多種板塊構造理論。最近，在環太平洋地區發現了足以填滿一整片大洋的龐大地下水體，這進一步吸引了地質科學家的注意，他們試圖用板塊構造理論來解釋這一異常現象。然而，這片水體的真實來源及其與陸地沉沒的關聯，對海洋科學家而言仍是一個謎。以下摘錄自《國家地理》新聞報導的內容，揭示了這片水體的發現與《Oahspe》中所描述的大陸沉沒位置之間的驚人一致性。

《國家地理》新聞報導，二〇〇七年2月27日

報導指出，科學家發現了一片位於東亞地區數百英里地底的巨大水體，其體積堪比北極海。這些水被鎖在深達400至800英里（約700至1千4百公里）深的含濕岩石中。「這不是一片海洋，而是岩石中含有的少量水分，比例可能不到0.1％。」然而，鑑於該地區的龐大規模，這仍是一個極為龐大的水體。

地震波研究顯示，從印尼延伸到俄羅斯北端的「濕潤地帶」岩石相對較弱，使地震波衰減速度遠高於其他地區。這一現象被認為與板塊構造運動有關，海底被拉入環太平洋的陸地板塊下方，導致水體滲入。

《國家地理》新聞報導，二〇〇七年10月24日

研究指出，五千萬年前太平洋中一片海底山脊的崩塌引發了一連串地質事件，從夏威夷到南極洲都受到影響。這場災變改變了太平洋的地理結構，並塑造了如今分布於南太平洋的島嶼。

研究團隊發現，這片名為「伊薩納基山脊」（Izanagi Ridge）的中洋脊沉入韓國半島與日本之間的地殼板塊下方，而日本群島則如同一個巨大的「塞子」，穩定了板塊運動並重塑了太平洋的地理結構。

然而，《Oahspe》中記載的並不僅是一片山脊的崩塌，而是整個大陸的沉沒。隨著海底地形測繪技術的進步，現代的海底地圖揭示了與《Oahspe》中描述的沉沒大陸驚人一致的證據。例如，現代海底地圖中的深海溝幾乎與《Oahspe》地圖中的古大陸輪廓相符。此外，海底地圖上所標示的裂痕帶與《Oahspe》中所描繪的地形特徵高度吻合，進一步支持了其描述。

海底地形測繪技術，如聲納與衛星成像的發展，為這些發現提供了更多支持。科學家目前認為，需要一場極其劇烈的地質事件才能造成如此龐大的水體滲入陸地。然而，《Oahspe》揭示的事件遠超科學解釋，並描述這場事件發生於約2萬5千年前，由高度進化的外星生命（稱為「以太神」）操控的巨大力量所引發，這在古老傳說與經文中被稱為「大洪水」。

根據《Oahspe》中對失落大陸 Pan 的描述，其地形特徵與現代海底地圖之間存在驚人的一致性，特別是在太平洋海底的地形結構上可找到支持該描述的證據。

西部河流及相關地形

《Oahspe》地圖顯示，Pan的西部河流起源於西南弧形山脈的山麓，沿途由西北山脈延伸而來的一條主要支流補給，最終流入大約北緯17°、東經60°附近的海域。沿著河流的路徑，可見一個位於東側的大型圓形湖泊。這個圓形湖泊在現代海底地圖上亦有所顯現，位於北緯13°、東經155°的位置。此外，河流西岸的高山遺跡，如今形成位於台灣附近的島嶼群，這些島嶼中包括沖繩附近著名的海底遺址。這些遺跡表明，原先位於海岸的高山部分地區仍保持在海平面以上。更北方河道的支流，以及河流東部的一個更大的湖泊，對應於現代海底地圖上所標示的「北太平洋盆地」低地區域，顯示這些湖泊可能是該河系的一部分。

東南部河流及相關地形

Pan的東南河流則受到一片寬闊的中央山地補給，形成兩個主要的分水嶺：西南和東北。這條河流的西南端匯集成一個大三角洲，最終注入現今新幾內亞東北海岸附近的俾斯麥群島地區。河流東北分水嶺的一些支流則流入若干大小不一的湖泊中。根據現代海底地圖，此片廣大的低地區域即為所謂的「中太平洋盆地」。

現代海底地圖所揭示的地形結構，無論是圓形湖泊、低地盆地，還是沿河流分佈的高地島嶼，都與《Oahspe》中對 Pan 的描述高度一致。這些相似性進一步支持了 Pan 可能是一片曾經存在於太平洋上的古老大陸，其地形在大陸沉沒後仍部分可見於海底地圖中。進一步研究這些地形特徵，可能有助於揭示該大陸沉沒的原因及其地質歷史背景。

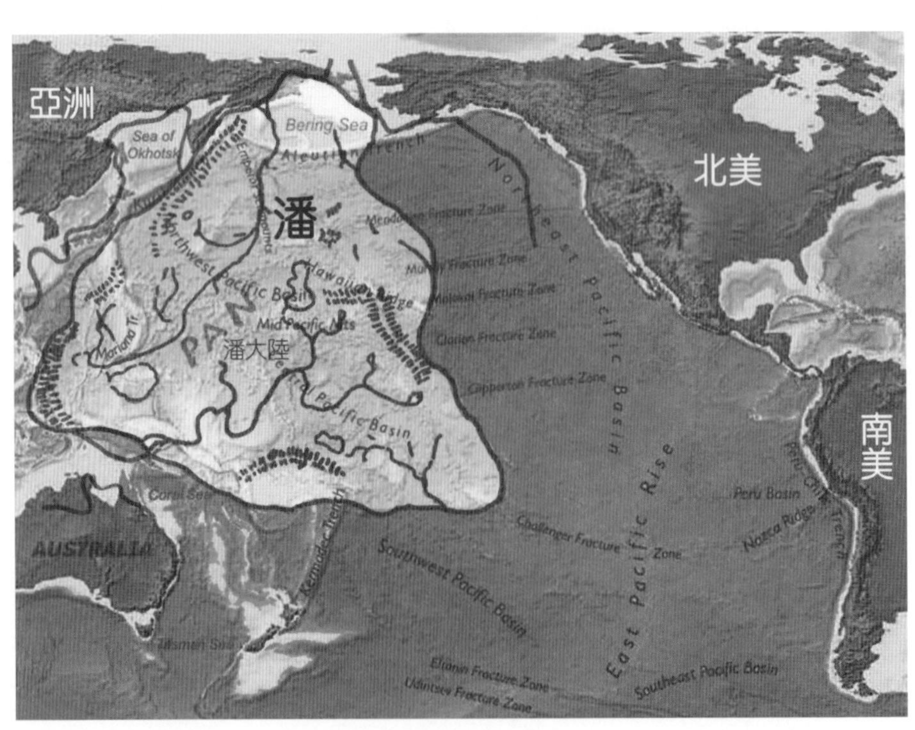

雷姆利亞與姆大陸：兩個文明的衝突與交融

雷姆利亞文明，大約在二萬七千年前突然在印度洋上消失。雖然雷姆利亞文明已經消亡，但其影響並未完全消失，因為雷姆利亞的人民早已在其他地區建立了殖民地，其中之一便是後來的「姆大陸」。姆大陸的文明早在三十萬年前便已存在，其北部主要從事漁業，南部則以狩獵為主，西部則以農牧業為生。雖然其文明較為簡單，但早在人類歷史的某個階段，姆大陸已經成為一個不可忽視的存在。

雷姆利亞的侵略不可避免，雷姆利亞人民組建了大帆船軍團，於約二萬八千年前開始進行對姆大陸的殖民。這一過程並非全是戰爭，也帶來

了豐富的文化交流。儘管雷姆利亞文明最終滅亡，姆大陸卻在隨後的幾千年中發展出了自己的獨特文明。

姆大陸的黃金時代與終結

到了約一萬七千年前，姆大陸迎來了鼎盛時期。這時的姆人崇拜太陽，並對太陽的科學有著無比的信仰。然而，隨著約一萬兩千年前的沉沒，姆大陸最終消失於太平洋中。雖然大陸消失了，但部分人成功逃脫，這些倖存者成為了越南人、日本人和中國人等民族的祖先，還有一部分人跨越太平洋，最終定居於南美的安第斯山脈。

亞特蘭提斯與太平洋的古文明

亞特蘭提斯是一塊曾存在的神秘大陸，大小與英國相當。亞特蘭提斯的第一批居民來自周圍的島嶼，並在四萬二千年前開始定居。亞特蘭提斯的文明始於一萬六千年前，正好在姆大陸沉沒後不久。亞特蘭提斯的文明因姆大陸後裔的到來而進一步發展，這些後裔帶來了更先進的科學成就，使亞特蘭提斯文明達到了新的高度。

潘諾西亞大陸：史前地球的「短命大咖」

潘諾西亞大陸（6億年前的地球合唱團）

潘諾西亞大陸（Pannotia）是一個傳說中的史前超大陸，它的名聲就像一個曇花一現的網紅，雖然存在時間短暫，但絕對吸睛！這塊地理巨星是在一九九七年由地質學家Ian W. D. Dalziel提出的理論，據說它誕生於6億年前的泛非造山運動，卻在5千4百萬年後，悄悄解散，堪稱「地質界的速食明星」。

大陸的組成：羅迪尼亞分家的後果

話說七．五億年前，羅迪尼亞大陸這位「老大哥」決定來一場分家大戲，分裂出三個小夥伴：

．原勞亞大陸

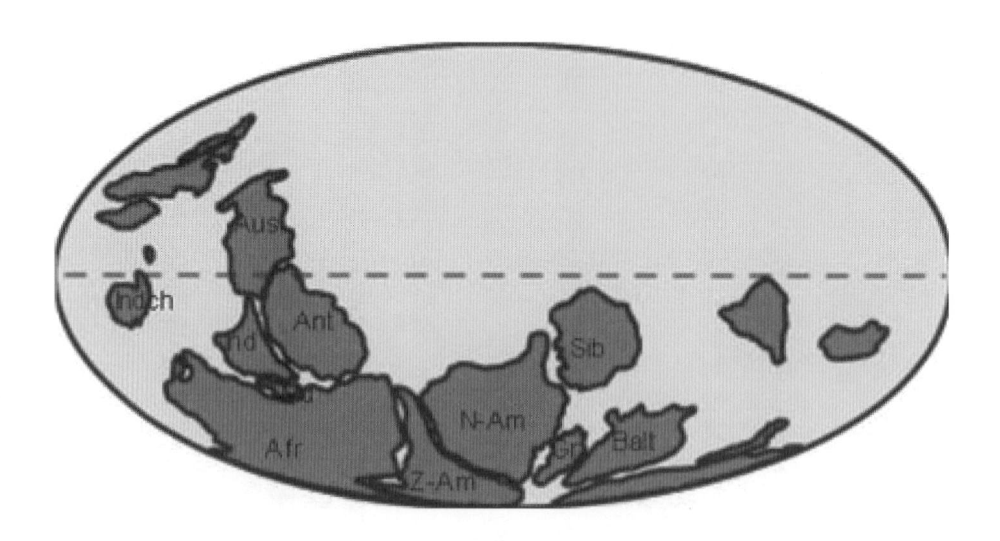
Aus
Ant
Sib
N-Am
Afr
Z-Am
Balt

・剛果克拉通

・原岡瓦那大陸（當時還沒健身成功，少了南極洲和剛果地盾）。

這些「分家產物」不甘於平淡生活，開始各自冒險，原勞亞甚至搞了次「極地流浪」。終於，6億年前，剛果克拉通挺身而出，擔任了「潤滑劑」，把大家重新拉攏在一起，組成了潘諾西亞大陸。只是，這個組合有點悲劇，因為大部分地區都位於冰天雪地的極區，地球當時正經歷一場「冰箱模式」，冰河蓋得比你家冰箱的霜還多！

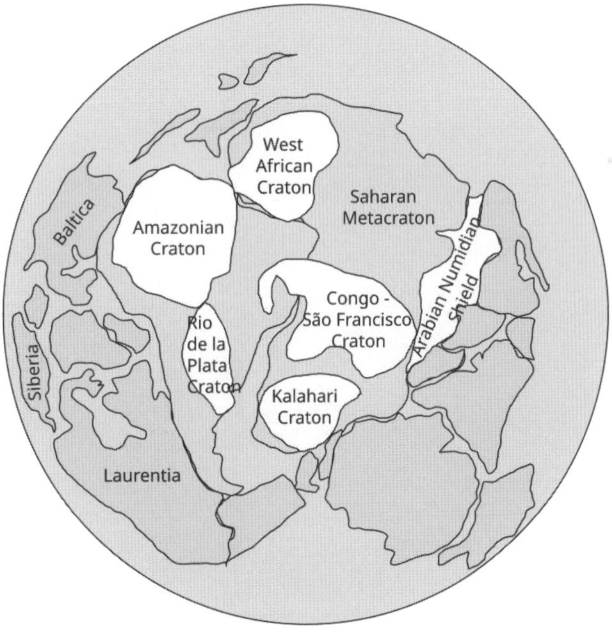

圖：潘諾西亞大陸在 5 億 4500 萬年前以南極為中心，與先前的羅迪尼亞大陸相比，呈現出旋轉 180 度的地理格局（Dalziel，1997）

潘諾西亞的地理造型：一個大寫的「V」

如果當年有 Google 地球，你會看到一個巨型「V」字形大陸橫亙地球表面，開口朝向東北，內側是泛大洋（今天太平洋的遠古祖先），外側則被泛非洋包圍。聽起來挺酷？別急，高潮來了。

潘諾西亞的組合方式就像拼圖，但拼得不穩，一旦地球內部的「板塊力」發作，這個超大陸便撐不住，開始分崩離析。5 千 4 百萬年後，潘諾西亞化整為零，誕生了四大獨立新星：

- 勞倫大陸
- 波羅的大陸
- 西伯利亞大陸
- 岡瓦那大陸

它們分道揚鑣的同時，泛大洋也藉機大展宏圖，不斷擴張。時間快轉到 2.5 億年前，這些小夥伴又重聚，成為另一位超級明星——盤古大陸！

科學家的八卦推測

其實在一九九四年就有學者提出過類似的概念，他們認為，新元古代晚期的岡瓦那大陸曾是更大型超大陸的一部分。潘諾西亞大陸的故事，無疑讓人想起那些紅極一時的音樂組合，短暫但令人懷念。

潘諾西亞大陸的地質時代雖短，但它像一個提醒，告訴我們地球的歷史從來都不平靜，就像一場永不落幕的地質大戲，每一幕都有自己的高潮與轉折。

盤古大陸：地球的「拼圖達人」，未來超級大陸再度合體！

你能想像地球上所有的陸地曾經是一個「超級大團圓」嗎？這就是盤古大陸（Pangaea）的故事！這個名字聽起來很中國風，但和我們神話中的盤古大哥完全沒關係。事實上，它來自希臘語，意思是「全部陸地」，由德國地質學家阿爾弗雷德．魏格納（Alfred Wegener）在提出大陸漂移學說時命名的。簡單來說，這是一個「全地球陸地一鍋燴」的概念。

歐亞大陸
北美洲
南美洲
非洲
印度
南極洲
澳洲

盤古大陸的起源：一次驚天合併

盤古大陸是在三．三五億到一．七五億年前的古生代至中生代期間，地球的陸地「搞團建」的產物。當時所有的大陸手牽手，緊密連接在一起，讓人類未來的地圖製作者感到頭疼。如果你覺得這聽起來像一個童話故事，那周圍環繞著它的廣闊海洋——泛大洋（Panthalassa）——可以被看作是「超大海」，是今天太平洋的曾曾曾祖父。大陸中間還藏著一個「特提斯洋」（Tethys Ocean），類似於現代地中海的「遠古前輩」，只不過規模大得多。簡直就是陸地與海洋的親密合作！

盤古大陸的分裂：一場地球大離婚

團建結束後，盤古大陸並沒有一直維持這種幸福的狀態。它就像一場注定失敗的戀愛，一共分了三次手：

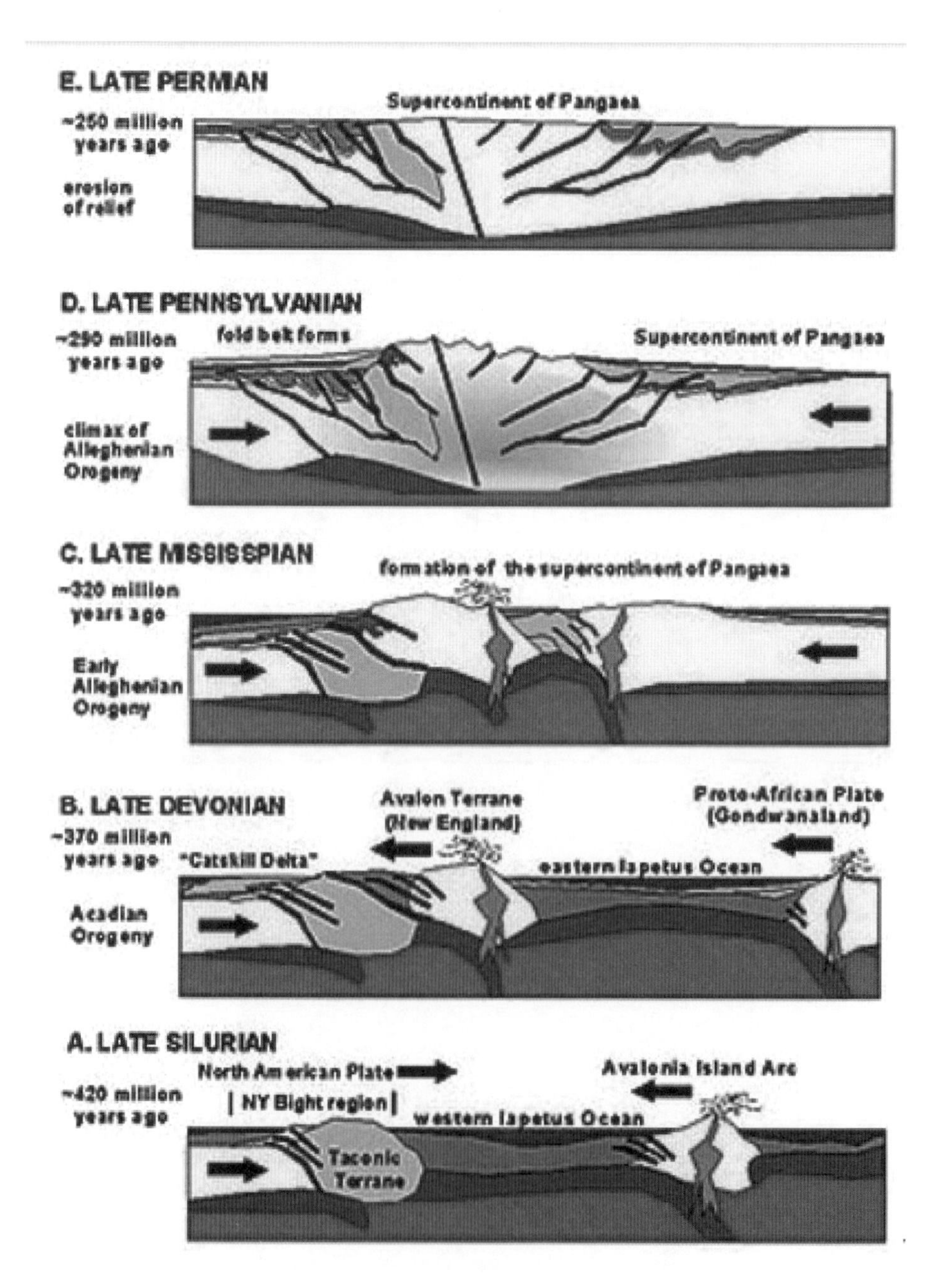
E. LATE PERMIAN
~250 million years ago
erosion of relief
Supercontinent of Pangaea
D. LATE PENNSYLVANIAN
~290 million years ago
fold belt forms
Supercontinent of Pangaea
climax of Alleghenian Orogeny
C. LATE MISSISSPIAN
~320 million years ago
formation of the supercontinent of Pangaea
Early Alleghenian Orogeny
B. LATE DEVONIAN
~370 million years ago
Avalon Terrane (New England)
Proto-African Plate (Gondwanaland)
"Catskill Delta"
eastern Iapetus Ocean
Acadian Orogeny
A. LATE SILURIAN
~420 million years ago
North American Plate
| NY Bight region |
Avalonia Island Arc
western Iapetus Ocean
Taconic Terrane

1. 第一次分裂（二．三億年前）

盤古大陸西岸先撐不住了，開始裂開，形成了今天的墨西哥灣和加勒比海。裂縫越拉越大，終於把大陸分成勞亞大陸和岡瓦那大陸，彼此僅靠一條「陸地連接橋」聊表情義。

2. 第二次分裂（一．五億年前左右）

岡瓦那大陸決定來一場「全面分家」，分裂成五塊——南美洲、非洲、印度次大陸、南極洲和澳大利亞。印度次大陸還不甘寂寞，直接北漂，拉出了印度洋，走上了與亞洲「碰撞成山」的不歸路。

3. 第三次分裂（6千萬年前）

勞亞大陸也撐不住了，分成北美洲、格陵蘭和歐亞大陸。此時，北大西洋正式成型，澳大利亞和南極洲也和平分手，各自漂流。最戲劇性的是印度次大陸與歐亞大陸的相撞，導致特提斯洋消失，還給我們帶來了喜馬拉雅山脈和青藏高原，這才有了我們今天的「世界屋脊」。

未來：地球的再一次團建？

地質學家們已經給地球的未來設計了劇本，預測在 2.5 億年後，陸地又會重新聚合，形成一個新的超大陸，命名為終極盤古大陸（Pangea Ultima）。你可以想像嗎？北美洲、南美洲、非洲和歐亞大陸再次「合體」！這絕對是地球歷史上另一場令人期待的大戲。

盤古大陸的故事，是地球板塊運動的最好縮影。一邊分裂，一邊聚合，就像地球在練瑜伽，不斷拉伸和扭動。下一次當你看著地圖上的各大洲時，別忘了它們其實曾經是一個大團圓的大家庭，而未來，它們或許還會再度重逢！

地球的古老文明——真的是人類所知的全部嗎？

地球存在了數十億年，人類才在這裡存在幾萬年，這差距是不是太大了點？許多人猜測，在我們所知的人類歷史之前，或許早已有其他文明曾經發展到驚人的高度，甚至超越了我們現在的科技！若果真如此，那些失落的文明去了哪裡？為什麼我們今天無法建造出同樣的壯麗遺跡？

我們已知的史前遺跡顯然遠超出「石器時代」的範疇，且許多遺址的工藝，至今仍讓科學家無法解釋。從發現於三葉蟲化石上的「穿鞋足跡」、加彭20億年前的核反應堆、南非28億年前的金屬球，這些難解的「異物」彷彿在提醒我們：人類文明也許並非一脈相承，而是多次「循環重生」的過程。

循環的文明，失落的傳說

學者Spedicato曾在《銀河遭遇、阿波羅天體與亞特蘭提斯》中提到，某些來自星際的物體（如彗星、隕石）帶來的災難，可能正是史前文明消逝的原因。事實上，科學家們已發現地球歷史上有過多次毀滅性的災變，這些災難幾乎徹底抹去了當時的生物，也讓人類文明多次「從零開始」。

人類文明是否像生命的週期一樣，一次次興衰交替？有些學者提出，地球上早已有過多次人類文明，每次因自然災害被毀滅，只留下少數倖存者繼續演化，最終孕育出今天的我們。因此，說不定我們現在的人類，只是眾多週期中的「最新版本」。

總之，失落的文明也許就在地球深處，靜待我們揭開其神秘的面紗。

姆大陸人的直系後裔是臺灣人

凱族和噶族，聽起來像是兩位來自古代神話的英雄對吧？事實上，他們可是姆人的直系後裔呢！宜蘭一帶，曾經是太陽帝國的都城，最早的原住民是噶瑪蘭族，當然，這些祖先也都是姆人的後代。至於今天的凱達格蘭族人，與噶瑪蘭族人可是親如手足，自稱兄弟，還自豪地稱自己是太陽族的後代。聽起來這兩族關係不一般，應該都是太陽帝國的後裔，對吧？所以我們可以推論，臺灣的原住民其實全都是太陽帝國的後代，而他們的祖先就是傳說中的姆人！換句話說，南島語言，其實就是太陽帝國的語言，這樣一來，臺灣原鄉的說法就不容質疑了！

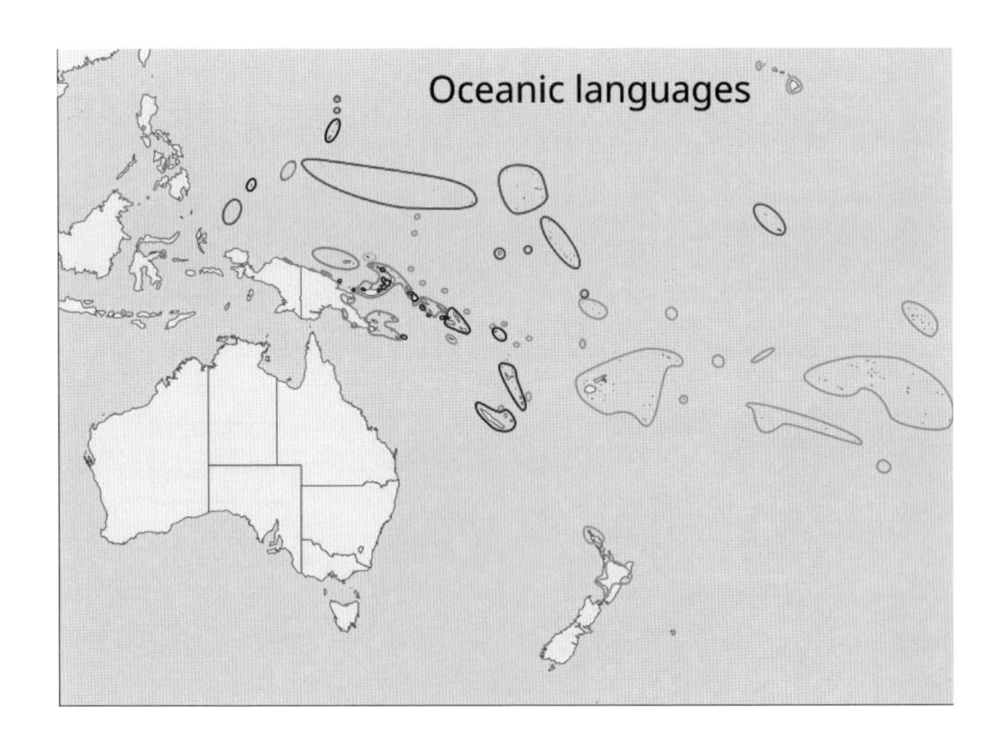
Oceanic languages

南島語的分布

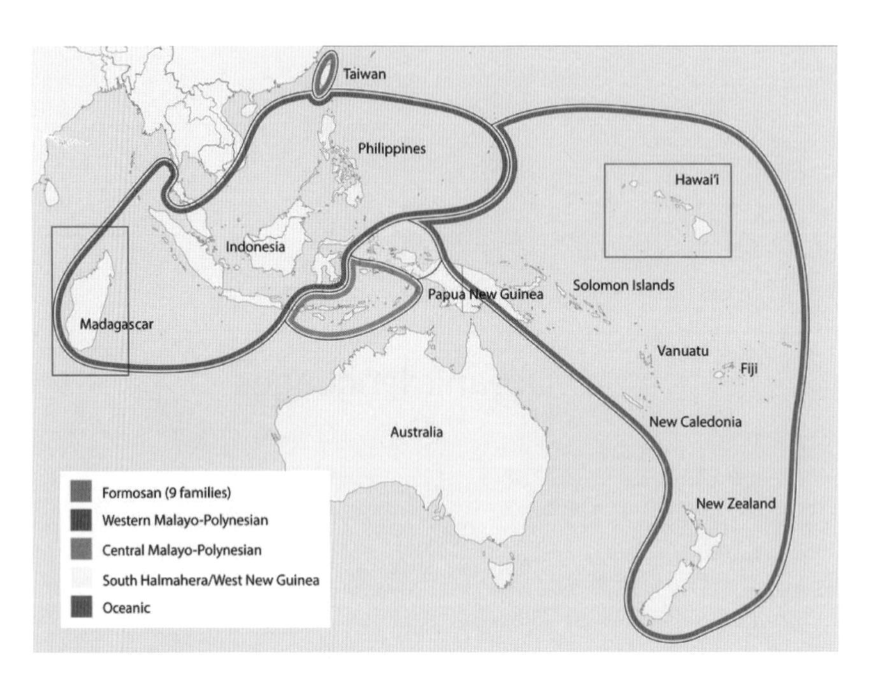
Taiwan
Philippines
Hawai'i
Indonesia
Madagascar
Papua New Guinea
Solomon Islands
Vanuatu
Fiji
New Caledonia
Australia
New Zealand
Formosan (9 families)
Western Malayo-Polynesian
Central Malayo-Polynesian
South Halmahera/West New Guinea
Oceanic

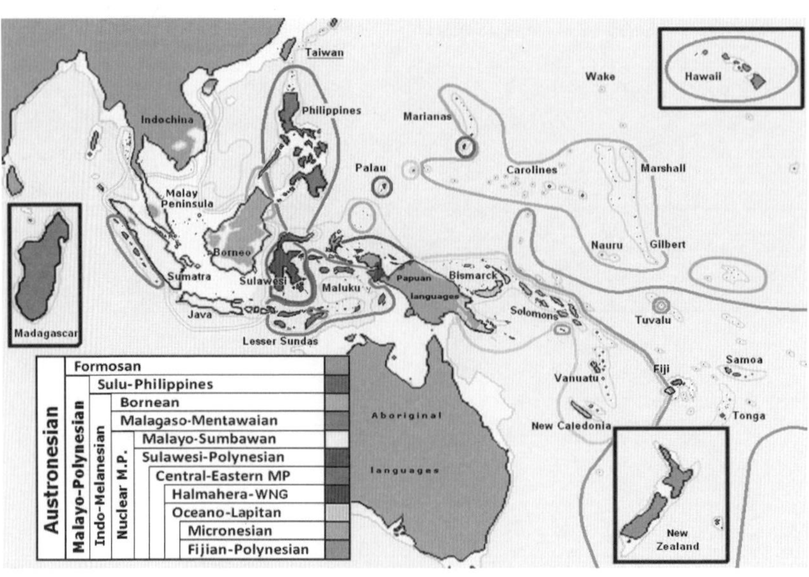
Taiwan
Hawaii
Wake
Indochina
Philippines
Marianas
Palau
Carolines
Marshall
Malay Peninsula
Borneo
Nauru
Gilbert
Sumatra
Sulawesi
Maluku
Papuan languages
Bismarck
Solomons
Tuvalu
Java
Lesser Sundas
Madagascar
Samoa
Fiji
Vanuatu
Tonga
New Caledonia
Aboriginal languages
New Zealand
Austronesian
Malayo-Polynesian
Indo-Melanesian
Nuclear M.P.
Formosan
Sulu-Philippines
Bornean
Malagaso-Mentawaian
Malayo-Sumbawan
Sulawesi-Polynesian
Central-Eastern MP
Halmahera-WNG
Oceano-Lapitan
Micronesian
Fijian-Polynesian

Before
3000 BC
TAIWAN
2500 BC
PHILIPPINES
1500 BC
200 BC
MELANESIAN
ISLANDS
1300 BC
SAMOA
800 BC
FIJI
900 BC
NIUE
TONGA
1200 BC
COOK
ISLANDS
AD 700
TAHITI
AD 900
HAWAI'I
MARQUESAS
TUAMOTU
ARCHIPELAGO
PITCAIRN
AD 900
EASTER ISLAND
AUSTRALIA
NEW ZEALAND
AD 1200

南島語的傳播

在南島語族起源的討論中，臺灣經常被視為關鍵的起點。然而，「南島」這一名詞的涵義，可能不如表面看來那麼單一。南島語族的英文名稱“Austronesian”直譯為「南方島嶼語族的使用者」，指的是使用南島語系的各個族群。這一語族的定義基於語言，而非血緣或文化，儘管其中確實存在某些血緣和文化的相似性。從語言的角度理解南島語族，能幫助我們更清楚區分相關名詞的微妙差異，避免一些常見的誤解。

從語言學角度來看，早期南島語族的研究結果顯示，南島語約在5千年前由臺灣擴散至菲律賓、夏威夷、復活節島、馬達加斯加及紐西蘭等地。德國傳教士兼語言學者威廉・施密特（Wilhelm Schmidt）於一八九九年率先提出此說，之後多位學者如加拿大Simon Fraser 大學的施得樂（Richard Jr. Shutler）、澳洲學者馬爾克（Jeff Marck）、夏威夷大學的布樂斯特博士（Robert Blust）、澳洲國立大學考古學院的貝爾伍德教授（Peter Bellwood）、法國語言學者沙噶特（Laurent Sagart）等，均提出相似的語言演變模式證據，認為臺灣是南島語族的發源地。同時，日本學者在小川尚義日治時期的福爾摩沙南島語研究基礎上發現，日本語融合了南島語系與阿爾泰語系的特徵。

一九九八年，紐西蘭生物學家張伯斯教授（Geoffrey K. Chambers）及二〇〇二年在臺灣中央研究院舉辦的國際會議上，挪威奧斯陸大學體質人類學者韓集堡博士（Erika Hagelberg）與沙噶特均發表研究成果，而臺灣馬偕醫院的林媽利教授則在二〇〇四年進行了相關的DNA與遺傳基因分析，證明南太平洋波利尼西亞人、夏威夷人及紐西蘭毛利人的祖先約在5千年前自臺灣出發遷徙而來，進一步支持了臺灣作為南島語族發源地的論點。

二〇〇〇年，美國生物學家賈德．戴蒙（Jared Mason Diamond）在《Nature》雜誌發表題為「臺灣獻給世界的禮物」的文章，詳細論述了「臺灣原鄉論」。戴蒙依據語言學、考古學及文化發展學整理出三項支持臺灣為南島語族起源的有力證據。他指出，南島語族的形成可追溯至約5千2百年前，早期使用者被稱為「原始南島語族」（Proto-Austronesian），而南島語的逐步發展正是此後數千年演變的結果。

南島語系的廣泛分佈涵蓋了臺灣、菲律賓、印度洋至太平洋的各個島嶼。已知南島語族內有超過1千2百種語言，並劃分為十個主要分支，其中臺灣本島的南島語（臺灣南島語）尤為豐富多樣，成為此語族的核心。根據語言多樣性的理論，起源地通常會擁有最多的語言多樣性，進一步支持臺灣是南島語系的起源。

彼得．貝爾伍德（Peter Bellwood）與語言學家白樂思（Robert Blust）提出的「出臺灣說」指出，南島語系自臺灣向外擴散。隨著研究的深入，雖然細節有所修正，但整體結構基本未變。此理論描述了臺灣作為南島語族起源的核心地位，並指出南島語族擴散至菲律賓、印尼、馬達加斯加及更遠的太平洋地區。

綜合語言學、考古學與遺傳學的研究成果，臺灣作為南島語族的發源地是較為合理的解釋。

日本研究中也提到這些原住民族的禁忌秘密，臺灣的原住民族與日本的原住民族及紐西蘭的毛利人之間存在著共通的刺青文化。這些刺青的部位與圖案相似，例如排灣族女性手上的刺青，古代僅有高貴的祭品可擁有刺青，因為這象徵著與神的密切聯繫。這些刺青記錄了排灣族幾千年的歷史，並包含創世神話的元素。

在宇宙的起初，太陽神卡杜製作了一個土鍋，這個土鍋孕育著人類的祖先。根據傳說，百段蛇被命令孵化這個蛋，並成為人類的創造者。這些蛇的形象在神話中具有重要地位，只有心靈強大的人才能看見它們的真實形象，或許它們的本質與蜥蜴人或聖經中的伊甸園的蛇有關。

刺青中的符號，如十字架，可能代表太陽，因為太陽被認為與神同在。這個十字架的符號，其實是一種古老的地圖，與全球多個文化中的鉤十字相連結，象徵著人類的共同記憶與神秘過去。

在非洲的祖魯族和美洲的瑪雅文明中，十字架也被視為神聖的標記。瑪雅人對西班牙征服者的驚訝，讓他們將其視為神的使者，進而毫無抵抗地皈依基督教。這樣的情況展示了殖民過程中的矛盾，祖先的記憶與現實的碰撞。

在亞述巴尼帕圖書館的遺跡中，蘇美爾王室的印章上也雕刻著與神相關的形象，這些圖案記錄了自然法則和宇宙運作的表現，並且反映了人類靈魂的深層聯繫。對於太陽的象徵意義，表現了光明與真理的概念，這些傳說在過去與現在交織，指引著人類未來的方向。

總之，臺灣的語言和文化承載著悠久的歷史和神話，展現了人類靈性與自然法則之間的深刻關聯。這些故事不僅是文化的傳承，更是對人類起源的探索。

現代人共同的祖先——琶侃國，福爾摩沙人：順應自然、擁有1萬3千年文明進展與靈性智慧的民主國度

根據麻省理工學院（MIT）Douglas L. T. Rohde在二〇〇三年的研究《現存人類共同祖先》，這個文明的影響遠超我們的想像，甚至遍及全球。姜林獅先生（一九〇八—一九六六）在其口述記錄中提到，福爾摩沙（也就是今天的臺灣）曾擁有一個名為琶侃（Paccan）的古國，這個國度存在了超過1萬3千年！琶侃的意思就是「順應自然，與自然和諧共存」，它是一個建立在平等、互助和分享原則上的邦聯國家，擁有不僅超凡的靈性智慧，還有高端的技術文化。你沒聽錯，這可是1萬3千年智慧的結晶，不是昨天剛成立的小國。

一六二三年荷蘭時代以前，琶侃（Paccan）國：延續至少1萬3千年

福爾摩沙（今天的臺灣）有著一段鮮為人知的歷史真相：在一六二三年之前，琶侃國已經存在了超過1萬3千年！這個原本名為琶侃的國度，強調與大自然的和諧共生，並且至今無人能夠找到任何證據顯示它曾經經歷過霸權主義或戰爭。琶侃的體制就像一個超級和諧的邦聯國家，注重平等、互助與合作，沒有人在這裡搞什麼等級制度或者權力鬥爭。

古災難與琶侃人的遷徙

來點劇情轉折：大約在公元前一〇九五〇年，地球遭遇了一次「震撼四方」的災難——彗星撞擊地球！隨之而來的火山爆發和地震讓琶侃國東部的大部分土地直接沉入海底，這可是人類文明歷史上的一場大災難。地球還進入了小冰河期，也就是所謂的新仙女木期（The Younger Dryas），幸運的是今天的臺灣和與那國島依然倖存。面對天災的驅使，眾多琶侃人背起包袱，踏上了遷徙之旅，將他們的文明與文化帶到世界各地。你以為他們坐著飛機?不，他們駕著雙船體遠洋船艦——「Ban-gka」（艋舺）遠航四方，留下

了後代及混血子孫，開創了全球連線的先河！

全球影響與 Rohde 的研究

美國麻省理工學院的 Douglas L. T. Rohde 可不是隨便研究的，他在二〇〇三年發表的《現存人類共同祖先》指出，琶侃文明對世界多個地方產生了深遠影響。他的研究表明，今天地球上的所有人類的祖先基因，或許都能追溯到福爾摩沙人（Paccanians）。所以，換句話說，咱們的祖先可能曾經是這個文明的傳承者，遷徙並擴散到各地，留下了這份悠久的文化基因。

地震頻發的地質原因

臺灣位於太平洋火環帶，這裡的地震頻繁可謂家常便飯。其實，這一切都要歸咎於地理和歷史背景，了解福爾摩沙的歷史，才會明白這些地震背後的故事。回到公元前一〇九五〇年，那顆不速之客的彗星撞擊地球，引發了大規模的火山爆發和地震，這導致臺灣

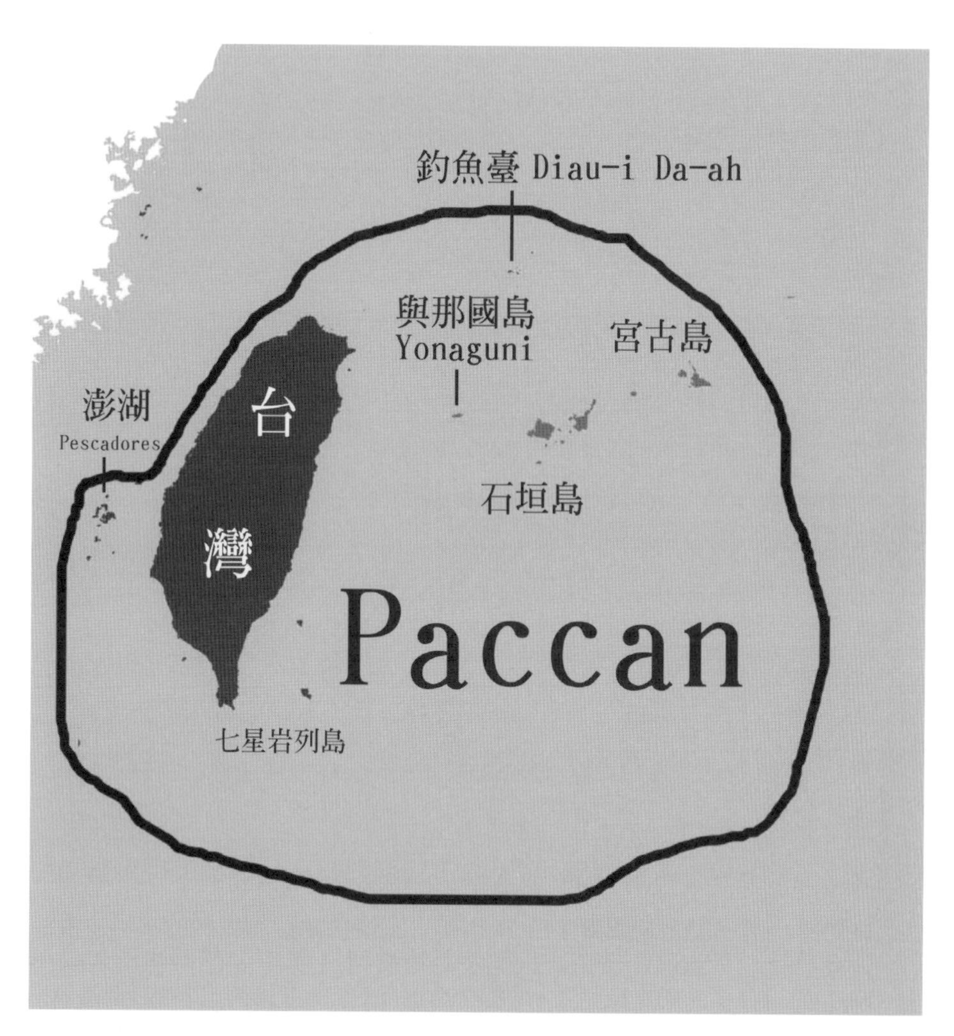

圖：大型圓圈標示的範圍，是公元前 10,950 年，琶侃（Paccan）國已被證實的至少疆域。

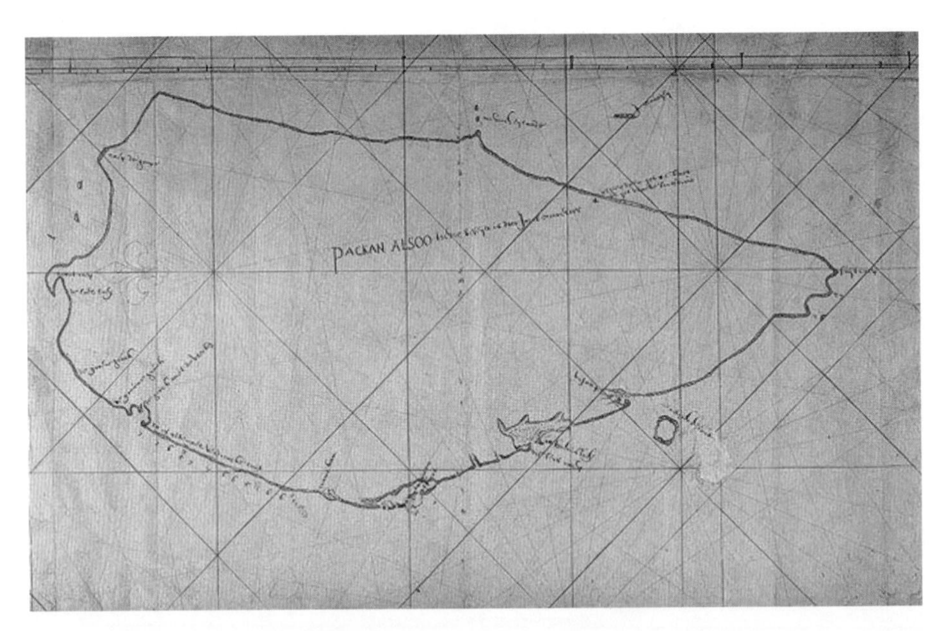

圖：臺灣第一張完整古地圖誕生於 1625 年，正值荷蘭佔領大員的次年。當時的臺灣行政長官隨即派遣高級舵手荷籍航海長雅各 · 諾得洛斯（Jacob Noordelcos）率領兩支探測隊，環繞全島進行航測，並繪製出名為「北港圖」的地圖。這張地圖是臺灣歷史上第一張具備全島輪廓的地圖，具有極高的歷史價值。

圖：荷蘭人和西班牙人隨後與葡萄牙人一同將琶侃稱為「福爾摩沙」（Formosa），而稱琶侃人（Paccanians）為「福爾摩沙人」（Formosans），此稱謂帶有尊敬之意。

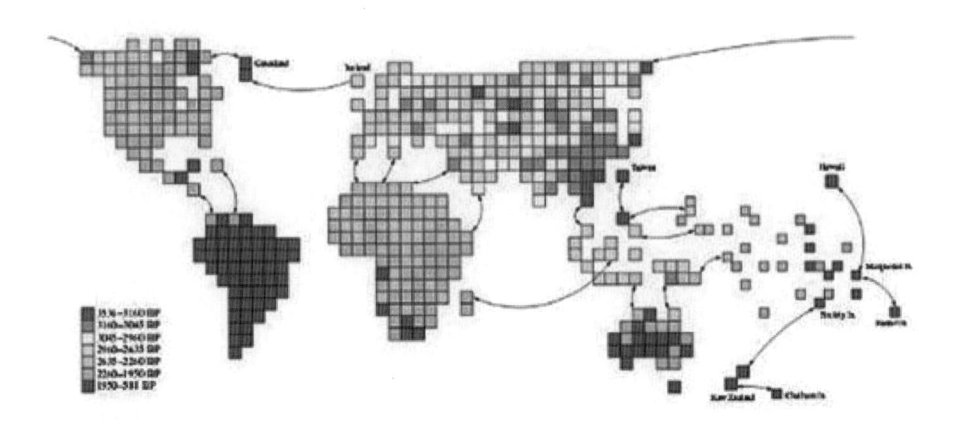

圖：Rohde 的研究展示了現代人共同祖先——「琶侃人（Paccanians）」，即福爾摩沙人（Formosans）——的後代遷徙與擴展的路線圖。這張圖表顯示了福爾摩沙琶侃人逐步遷徙並向外擴展的過程。

東岸與與那國島之間的大片平原沈沒。那時的臺灣人（Paccanians）卻堅強倖存，並且在大自然的變遷中找到了生存的方式。今天，臺灣每年以2到5毫米的速率慢慢上升，讓我們的福爾摩沙更加高大上！不過，花蓮東方外海地震頻繁的原因，其實與這段歷史的「大崩塌」有莫大的關聯，直到地層結構逐漸穩定，地震的頻率才會逐步減少。

公元前一〇九五〇年琶侃（Paccan）國的考古證據：

1. 格陵蘭島冰核火山灰研究

科學家從格陵蘭島的冰核裡挖出了一堆古老的火山灰，證明彗星撞地球的時候，火山也同時爆發了。這一事件發生在公元前一〇九五〇年（距今約12,967年），把地球的氣候推進了一個寒冷的時期，甚至在低緯度地區也能找到「仙女木」的化石，這可不是妖精的木頭，而是象徵冷得發抖的氣候的植物。所以，當時地球上不只有冰冷的天氣，還有一堆「仙女木」這種植物的死屍見證著氣候變化有多麼劇烈。

2. 福爾摩沙與與那國島之間的海底遺址

在現今的福爾摩沙（也就是臺灣）和與那國島之間的海底，發現了一個古老的文明遺址，距今約1萬3千年，這裡曾經是某個超級古文明的熱鬧場所。發掘出來的東西包括巨石金字塔和雕像，證明這個地方曾經是文化的燦爛之地，雖然現在這裡只剩下海水，但至少「那國島的原住民還在說琶侃（Paccan）族語」，這樣就能證明這片沉沒的土地和福爾摩沙關聯極深。

3. 哥貝克力巨石陣（Göbekli Tepe）研究

如果你覺得哥貝克力巨石陣（位於土耳其）太過神秘，那是因為它至少有1萬2千年歷史，有些研究甚至認為它接近1萬3千年。科學家發現，這些巨石陣上不僅描繪了彗星撞擊的景象，還經過星象定位確認，這次撞擊發生的時間正好是公元前一〇九五〇年。是不是覺得這不僅是考古發現，還像是古代科學家的天文預測？

4. MIT 的基因研究

二〇〇三年，麻省理工學院的科學家 Douglas L. T. Rohde 做了一個令人震驚的研究：他把現代人的 DNA 拿來分析，發現其實每個人都跟福爾摩沙（就是琶侃，現今的臺灣）人有共同的祖先。他這個結論讓大家的家譜都變得有點「混亂」，但也確實說明了福爾摩沙的古老文明對現代世界的基因大圖景有著不可忽視的貢獻。

有趣的是，過去的考古學家根據類人猿化石的分佈，猜測現代人是從非洲起源的，經過幾次搬家，才輾轉來到亞洲和歐洲。但 Douglas L. T. Rohde 團隊的研究顯示，大家可能都錯了——原來我們的祖先並不是來自非洲的猿人，甚至連最接近我們的歐洲尼安德塔人（對，就是那個早已絕種的「舊鄰居」）也無影無蹤，他們的基因早已消失在時光的長河中。那麼，現代人類到底從哪裡來呢？答案居然是——福爾摩沙人（也就是今天的臺灣人）。沒錯，這些福爾摩沙人先是從自己的家鄉出發，然後慢慢擴散到世界各地。更神奇的是，整個中南太平洋的島嶼居民，其實是福爾摩沙人後代的純正血統，而這些島嶼在福爾摩沙人到來之前，根本就是荒無人煙的孤島。

Rohde 的研究讓我們得以一窺這些現代人的「家族樹」，並揭示了他們如何一步步從臺灣走向世界。根據他的分析，現代人母系的粒線體基因（Mitochondrial DNA）可以追溯到10萬至20萬年前，而父系的 Y 染色體基因（Y Chromosome DNA）則大約在3萬5千至8萬9千年前就已經出現了。這些數字很驚人，但最驚人的是，當我們將這些基因組合起來分析後，發現地球上每個人都有一個共同祖先，而且這位祖先距今相對較近，時間大約在2千至5千年前。這段時間恰好是當時少數的福爾摩沙人開始在陌生的世界中扎根，並且互相扶持、團結合作，隨著族群的擴展，他們才開始向外擴散。換句話說，我們所謂的「共同祖先」其實是幾千年前的一場大規模「人類大遷徙」後的結果。而早期其他地方的古人類，因為體質或心智上的劣勢，逐漸衰退，最終消失在歷史中，未能留下後代。

Rohde 團隊進行這項研究的動機，其實是他們注意到現代人之間，除了膚色、髮色和面部特徵略有不同外，似乎沒有其他顯著差異。也就是說，我們現代人和動物王國中的其他物種不同，不會有什麼極大的變異，基本上都是一樣的。至於那些早已滅絕的「古人類」（如已滅絕的尼安德塔人），如今早已無蹤，所以 Rohde 團隊推測，現代地球上的所有人類其實來自於同一個共同祖先。結果，他們的推論在最新的研究中得到了證實。

最有趣的部分是，Rohde 團隊在研究初期對臺灣的了解幾乎為零，甚至可能不知道臺灣在哪裡。但是當他們發現所有現代人共同的祖先竟然來自臺灣時，這讓他們非常震驚。更有意思的是，很多臺灣人自己對自己的祖先並不認同，甚至還有些輕視自己的文化。而在國際學者當中，真正尊重臺灣及其原住民文化的，實在是寥寥可數。最初，Rohde 團隊甚至沒想到臺灣會成為這項研究的關鍵。然而，當整個研究結果揭曉後，他們終於驚覺：現代人的共同祖先竟然來自臺灣！這讓他們不得不在學術良知的驅使下，承認這一驚人的事實。

由於多數人可能對「人類的母系粒線體基因（Mitochondrial DNA）及父系 Y 染色體基因（Y Chromosome DNA）在遺傳上的運作，以及一個人口群內後代基因重組與基因突變率、各年代跨越地理形勢、語言、種族與文化區隔而通婚的可能比率等在數學運算和統計分析上的意義」並不十分清楚，因此他們或許無法耐心地深入理解 Rohde 的整篇論文。以下將抄錄幾段 Rohde 的研究結論，以便大家參考，至少能對其研究結果有基本的了解。

Studying the MRCAs (our most recent common ancestor) of several Mod〉el C simulations, reveals that the most recent CAs lived either in southeast or northeast Asia, nearly always in a port country. The most common sites are Taiwan and Malaysia in the southeast and in the Chukotka and Kamchatka regions of northeast Russia, close to the Bering Strait. Living near a port is an obvious advantage because it allows one's descendants to rapidly reach a second continent. The reason that the MRCAs arise in either southeast or northeast Asia and not, for example, the Middle East, is their proximity to Oceania and North America, respectively. Because Oceania was settled quite late and relatively slowly, and because Australia has infrequent contact with the rest of the world, it is advantageous, from the perspective of trying to become a CA, to live in this gateway to the Pacific. Likewise, it is also an advantage to live near the gateway to the Americas because the tip of South America is also difficult to reach. As a result, quite recent CAs emerge throughout far eastern Asia, including Japan and coastal China.

The Polynesian colonization of the Pacific islands is believed to have had its source in the expansion of the Tap'en-k'eng culture from Taiwan into the Philippines and later into Indonesia. This was followed, around 1600 BC, by the fairly rapid spread of the Lapita culture to Micronesia and Melasia and then eastward throughout Polynesia (Diamond, 1997; Cavalli-Sforza, Menozzi, & Piazza, 1994). This is simulated in the model by the opening of a direct port between Taiwan and the Philippines in 3000 BC, with an initial burst of 1000 migrants, settling to an exchange of 10 s/g. In 1600 BC, three more ports open, from the Philippines to the Mariana islands and Micronesia, and from New Guinea to the Solomons.

Figure 11 shows the year in which the first CA arises in each country in one trial of simulation C2. In this trial, the MRCA was a man living in Taiwan, born in 3536 BP and who died in 3459 BP. Other CAs arose in Kamchatka and southern China within a few decades, working backwards in time, and then at various other locations in eastern Asia, both north and south. Within 600 years of the MRCA, CAs can be found throughout most of Eurasia, much of Indonesia, and some of north Africa. It takes another 2500 years for the CAs to appear in the more remote parts of North and South America. Note that no CAs lived in Greenland or Oceania because those areas were not yet inhabited.

It is interesting to track the descendants of a single one of these MRCAs throughout the course of a simulation to discover when they first arrived in each part of the world. The results, mapped in Figure 12, are in appearance very similar to those for the first occurrence of an MRCA in each country, but in this case we are working in the opposite direction in time. This particular MRCA was born in Taiwan in 1536 BC. She had a remarkable advantage in that one of her great grandchildren migrated up the coast to Chukotka. Other early descendants migrated throughout southeast Asia, with some heading to central Russia. Her lineage first reached Indonesia in 1206 BC, North America in 1091 BC, Africa in 838 BC, Australia in 652 BC, South America in 95 BC, and Greenland in 381 AD. Some of the last places reached were southern Argentina in 855 AD, and New Zealand in 1116 AD and the Chathams in 1419 AD, in the first wave of their colonizations.

5. 一九九五年，南佛羅里達大學的羅伯特·菲森教授（Robert Fuson）在其著作《傳奇大洋島》（Legendary Islands of the Ocean Sea）中，對經歷大規模火山爆發和地震後留存的安提利亞島（Antilia）進行了考證，並認定亞特蘭提斯（Atlantis）部分陸沉後所遺留下的安提利亞，正是當今的所謂臺灣島。

以上證據的年代皆相符。

多數琶侃人已難以相信自己的國家是一個文明古國。即使在了解到各種史實文獻中有關琶侃（Paccan）這個國家的記載後，仍有不少人覺得難以置信。更有一些研究者，明明知道事實如何，卻堅持說臺灣從來就不是國家，甚至說琶侃（Paccan）只是一個地名，這真是讓人哭笑不得。於是，咱們今天就來澄清一下，解釋幾個小疑問：

1. 不僅是姜林獅先生那代代相傳的記載表明自己國家名為琶侃（Paccan），現今阿美族等避居山地的聚落群，仍然自稱為Pangcah人。Pangcah這一名稱的音韻，正是因為長期局部隔離，從Paccan經過口誤演變而來。然而，經過350年的實質隔離，阿美聚落群現在已將Pangcah用作「我國」或「我族」的自稱。

2. 自一五九〇年以後，葡萄牙人、西班牙人和荷蘭人皆稱主要大島為福爾摩沙島（Ilha Fermosa, Ilha Formosa），若非特意指稱琶侃（Paccan）這個國家，便不會再提到Packan。此外，一六一〇年以後的葡萄牙、西班牙和荷蘭文獻中，仍持續提及琶侃（Paccan，Packan）這個國家。荷蘭人在一六二三年已入侵並駐留琶侃（Paccan）的福爾摩沙本島，所有相關記載均表明此地位於福爾摩沙島。然而，荷蘭航海長Iacob Ysbrantsz. Noordeloos於一六二五年繪製的Packan全圖中，明確註明此為Packan這個國家，並標示福爾摩沙島周邊附屬島嶼的名稱。顯然，福爾摩沙島屬於Packan國內，而Packan當然不是地名。Packan國是單一族群（其體質遺傳基因已證實Packan國人為單一族群），因此以國名指稱族群當然是合理的。所以，琶侃（Paccan）是國家名稱，而福爾摩沙島則是後來被葡萄牙人、西班牙人和荷蘭人用來指稱琶侃國（Paccan）這個主要大島的地名。

3. 在荷蘭航海長Noordeloos繪製Packan全圖的兩年前，荷蘭人於一六二三年繪製的福爾摩沙島（Ilha Fermosa）地圖上，因專注於福爾摩沙這個主要大島，因此未標註Packan這個國家的其他島嶼名稱。由此可見，琶侃（Paccan）是國家名，絕非地名，而福爾摩沙島才是地名。

4. 無論是姜林獅先生（一九〇八—一九六六）的代代相傳，還是荷蘭人的文獻記載，都顯示琶侃（Paccan，Formosa）這個國家是以定期改選的各級議會裁決事務。由各級議會理政的整體民主社會，豈不是國家的表現嗎？

5. 更何況，許多琶侃語（Paccanian）至今仍在世界各地留存，例如：Bangka（大船）、karo（食用作物芋，指芋頭）、Poluomi（波羅蜜）、Chipoluo（麵包樹）以及稻米（biras〔br'ras〕；bi；ras；rice）。若琶侃（Paccan）自古便非完整國家，何以能發展出這些領先世界的文明和文化並加以傳播？

從彗星撞擊到文化大傳播：福爾摩沙的古老航海故事

琶侃（福爾摩沙）族人的生活以村落為核心，各社群之間往來頻繁，互通有無，卻各自獨立，不相隸屬，亦不結盟。他們崇尚與自然和諧共處，並擁有自由選擇傳承方式的權利，實行分工與分享。生活所需的資源皆來自大地，循環再生。儘管擁有高度文明，卻摒棄貪婪之心；人與人之間無身份、地位之分，尊重每個人選擇的生活方式，也早已懂得自我控制地區人口數量，五千年來無征戰與霸權。各族群間頻繁交流，語言與文字大致相通（儘管口音有所差異），各族群文化相似卻各具特色。

公元前一〇九五〇年（約 12,969 年前），那時候地球還沒進入 Instagram 時代，一顆彗星撞擊地球，簡直讓地球震撼到不行，火山爆發、地震狂亂，結果琶侃（Paccan；福爾摩沙）東部的大塊土地就這樣泡湯——對，直接沉進海裡！這場天災讓不少琶侃人不得不打包行李，走出國門，開始了他們的全球遷徙之旅。帶著智慧和文明，他們像超級旅行者一樣，把文化的種子撒播在世界各地。當然，還有他們的遠洋船艦 Ban-gka（艋舺），成為當時的「潮流船型」，出海後留下了不少混血的後代。

到了五千多年前，琶侃族人簡直像是文化大使，不僅向外傳授天文、數學、地理、航海、水利建設、捕魚、造紙、引火材、陶器等技術；還拿出了一堆「隨身物品」——火種、曆書、羅盤、珍貴貝殼、琉璃飾品、皮革、樟腦、農耕工具以及金銀銅鐵製品，並加工玉器和服飾。這些文化交流的範圍廣及當時的中國、日本、菲律賓、越南、泰國，並逐步延伸至印度洋、婆羅洲和南洋島群。琶侃族人更試圖引導中國、日本、越南及泰國民眾，崇尚「自然、和諧、謙虛」的生活理念，認為此為真正的幸福之道。然而，當地族群長期受霸權影響，受身份與地位欲望所驅，使得福爾摩沙族人的善意傳播難以奏效。

琶侃族人在南太平洋群島航行途中，若遇船隻受損，不得已在無人島上滯留，或因新天地宜人而自願移居。這些移居者因攜帶資源有限，無法完全延續福爾摩沙文明，只能就地取材製作常用的器具，並以簡單符號記錄日常生活。因此，南洋島群至今仍留有源自福爾摩沙的各式古文物遺跡。

到了公元五百年左右，福爾摩沙族人可能有些力不從心了，對於向中國、日本、越南、泰國等地的智慧傳播感到有些無力。基於其自我控制地區人口的哲學，福爾摩沙族人繼續向外傳播智慧，並將主要方向轉向南洋島群。當時南洋島群的居民尚未受霸權統治，較易接受真理智慧的傳播。菲律賓遂成為福爾摩沙族人往南洋航行的中繼站，形成固定聚落以便休息、補給和支援。因此，菲律賓群島內保存較其他南洋島群更多、更完整的福爾摩沙語言和文物證據。

二〇〇七年11月，美國國家科學院發表了一篇專文，由一位在澳洲的福爾摩沙學者與臺灣中央研究院地球物理研究所合作，利用X光光譜儀對東南亞地區(包括菲律賓、越南、婆羅洲等地）出土的四千至五千年前古玉進行鑑定。結果發現，144件古玉中有116件確定來自臺灣花蓮縣壽豐鄉豐田村的豐田玉。出土的琉璃珠（玻璃珠）亦證實源自福爾摩沙。這項發現顯示福爾摩沙族人在五千多年前已開始向東南亞地區傳播影響力。

中國改自夏商曆法的曆書、《尚書》禹貢篇中記載的橘柚、織貝華服，《晉書》衛恆傳描述孔子宅中的古尚書，以及四川三星堆出土的玉石板文、貝幣、古代算盤等文物，均印證了五千多年前福爾摩沙族人對中國的文明貢獻。尤其在金、銀、銅、鐵的煉製技術上，福爾摩沙更比其他已知文明早了1千6百多年。

然而，這些學者普遍認為福爾摩沙族人是為了拓展貿易而進行海上活動，實際上，福爾摩沙族人更像是文化的推銷員，完全出於互敬互惠的精神，沒打算從中賺取一分錢。從語言學角度來看，福爾摩沙還是南島語族的發源地，這可不是隨便猜的，根據荷蘭古檔案中的語音對照記錄，這可是鐵證如山。

此外，許多學者誤以為福爾摩沙當時只有簡單的航具，卻不知福爾摩沙在五千多年前便具備先進的造船技術與航海知識。當時，福爾摩沙在北部的艋舺（Ban-gka 或 Marn-Gka）和南部的哆廓（Dorcko，即今台南下營）設有大型造船廠，製造雙船體的大型船艦，用於遠洋航行；而裝有單側舷外支架的小舟則適合近海作業及捕撈。

這些國際知名學者辛勤挖掘證據，確認福爾摩沙為南島語族的發源地，卻忽略了另一個活生生的證據：世界各地的古語對海上大船的稱呼與福爾摩沙「Ban-gka」的音韻相近，顯示了相似的源流。由於歷史上福爾摩沙的史實長期遭受壓制，這些學者才無法得見這些明顯的證據。

琶侃（福爾摩沙）位於東亞大陸棚架東緣，鄰近西太平洋，洋流環境極為複雜。寒冷的親潮向南流動，溫暖的黑潮則向北延伸，兩者相遇於臺灣海峽一帶，形成自巴士海峽以西，沿臺灣海峽中線向東北延伸至日本九州鹿兒島縣西方的險惡海域。此地洋流湍急、旋渦密布，隨時伴隨巨浪，昔日稱為「黑水溝」。在這片危險水域，若無堅固的船隻和高超的航海知識，無動力的帆船根本無法安全通行。

黑潮抵達福爾摩沙南端後，形成西支流進入臺灣海峽，並於福爾摩沙北端匯入黑潮主流。臺灣海峽較狹窄且海床較高，造成洋流動能上升，加上海峽兩岸地形限制形成的壓力與黑潮主流在北端的拉力，使得黑水溝的狂浪與旋渦變得更加兇險。明代末期以前，來自福建的唐山船隻一旦接近此處幾乎無一倖免，均被渦流與巨浪吞噬。直到16世紀，福建的唐山人仍不知福爾摩沙的存在，儘管明朝的鄭和七次奉命下西洋，引發唐山人往南洋的移民潮，但他們仍不敢向東航行。

一五九〇年，葡萄牙人首次抵達琶侃（Paccan），發現這片理想中的人間樂土，讚嘆其靈性智慧之美，並以「fermosa」（美麗、優雅之意）稱之，以尊敬之心不敢打擾。葡萄牙人以 Formosa 稱呼 Paccan，並非指地貌之美，而是讚譽當地人（Paccanians）的靈性智慧與和平社會。即便到了一六二六年，唐山人 Salvador Diaz（取了洋名）因罪逃亡至澳門，攜帶記錄村落、地形、荷蘭軍力配置、貿易詳情的筆記，並由葡萄牙人根據他的描述繪製了 Tayouan 海灣地形圖，試圖引誘葡萄牙人進攻 Tayouan 以報復荷蘭人。但葡萄牙人早已了解 Tayouan 和 Formosa 之和平，不忍亦無意擾亂這片淨土。

明末一六一〇年後，福建龍溪學者張燮從葡萄牙人、西班牙人、荷蘭人之口中得知東方海上有琶侃（Paccan）一國，於一六一七年所撰《東西洋考》附錄中首次提及。當時的張燮聽取西班牙唐山翻譯的記述，將此地名為「北港」（非現今雲林的北港，當時雲林的北港原稱 Poonkan，後因一七五〇年溪水改道而分為南北二街，北街歸屬雲林縣，南街劃入嘉義縣新港鄉，簡稱南港村。笨港北街自一八四〇年起始稱北港）。

以下是西班牙人留下的當時詞語對照表：

ysla pequeña	洲	chiú sũ
ysleta pequeña	嶼	sũ hay sũ
ysleta junto a china	彭	pê
ysleta de pescadores junto a la costa de china	彭湖	pê oũ
ysla hermosa	北港	pàg cang

《巴達維亞日誌》於一六二四年2月16日記載：「2月16日星期五，快艇 Mocha 號抵達當地，該船由日本運來白銀12箱，每箱裝有2千兩白銀，以及若干生絲和絹織物，總價超過70,000 gruden，隨單記載清楚。同船還捎來駐支那沿海司令官 Ryellsen 的消息，報告指出：福州最高執政官揭示，禁止

清國人前往 Pehou（澎湖，荷蘭人進駐前曾有明帝國短暫入侵）或 Packan（Paccan）與荷蘭人進行貿易……。」當時荷蘭人在 Paccan 的 Tayouan（臺灣）已建立根據地11個月，Tayouan 指的是 Dorcko，即今台南下營區。

隨後，荷蘭人、西班牙人跟著葡萄牙人將琶侃（Paccan）稱為 Formosa，並尊稱琶侃人（Paccanians）為福爾摩沙人（Formosans），這是一種表示敬意的稱謂。

琶侃遺產：千年文明，怎麼忘了？

話說，儘管琶侃（Paccan）這個國家被盜匪當作練習摧毀技巧的「最佳對象」，但姜林獅（一九〇八－一九六六）依舊為我們留下了琶侃的歷史寶貴資料。更厲害的是，西班牙、葡萄牙和荷蘭的文獻中也能找到琶侃的蹤跡。今天的福爾摩沙人（也就是我們現代所說的臺灣人）竟然忘記了自己曾經擁有一個如此光榮的國家！還有人誤以為當時的福爾摩沙人甚至不懂得寫字。哎呀，真是奇了怪了！事實上，早在1萬3千年前，現今臺灣東岸與那國島之間的海底，就有巨大的石牆，上面還保留著琶侃的文字，這些文字的進步程度，說不定比現在的某些人還要厲害呢！

更妙的是，與那國島的居民，至今還在說福爾摩沙語（琶侃語，Paccanian），這語言經歷了400年的區域隔離，竟然還能夠和花蓮及宜蘭的年長者無障礙溝通，簡直是語言界的活化石！例如，池間苗女士（日本名）就能流利地講福爾摩沙語，還曾特地前來福爾摩沙探訪，簡直是活生生的「時光旅客」。可惜，她的年紀已經很大了，說不定已經化身為歷史的一部分，但至少這段記憶還被我們牢牢記住。

至於琶侃的人民，真的是健康和智慧的代名詞。你知道嗎？他們居然發明了避孕草藥，讓人口數量能夠與大自然達到完美的平衡，五、六千年來，琶侃國的人口始終穩定在1百萬左右，直到350年前才有所變化。這不是天方夜譚，而是姜林獅先生代代相傳的琶侃歷史記錄，還正巧跟荷蘭人當年在福爾摩沙的統計數字相吻合呢！真是讓人忍不住想感嘆：琶侃人，真是活得太有智慧了！

臺灣土狗可能是人類豢養狗的始祖

大家聽過「狗是人類最好的朋友」嗎？但你知道嗎，這位老朋友可能來自臺灣，還有超古老的根源！根據一項大膽的研究，臺灣土狗很可能是全球所有家犬的祖先，這簡直比我家那隻天天瞪著我看是不是該出門遛的狗更厲害了！

讓我們先來回顧一下這項讓狗界震驚的發現。二〇〇二年，瑞典的薩弗賴寧教授帶著他的科學團隊，開始了一項看似平凡卻又驚心動魄的任務——追蹤現代狗狗的基因。這四年的研究歷程，聽起來像是科幻小說中的情節，但這一群來自歐洲、亞洲、非洲和北美的654隻狗，成為了探索狗狗起源的關鍵。他們的武器？就是粒線體基因序列。

這一系列的基因比對結果顯示，所有現代狗的「祖先」都來自東亞！而這根源，可以追溯到大約一萬五千年前的某個時候，東亞某地的狼基因庫。沒錯，最早的人類豢養狗，正是來自這片地區。這讓我們不禁想像，那時候的「狗」應該是從東亞人類身邊的母狗開始，隨著移民的腳步，一路從東亞走向世界。

更有意思的是，研究人員猜測，這些最早的「東亞犬」可能分布在今天的日本或中國東部，說不定就是我們今天所熟知的臺灣土狗的遠古祖先！而根據考古學家的研究，這一切似乎並不那麼荒謬。日本的狗歷史至少可以追溯到一萬多年前，當時的「狗」就像柴犬這樣的小型土犬，甚至在三內丸山遺跡中找到了古老的狗墳，簡直是遺址中的明星！

這讓人不禁想起當時的情景，可能那時候的「柴犬」還是那種活潑的小家伙，帶著一點頑皮的眼神，四處奔跑。而這些狗很可能是由當時南方的民族從臺灣帶過去的。為什麼是臺灣？因為在冰河時期之前，中國和臺灣是連在一起的，換句話說，臺灣當時可是「發源地」的一部分。所以，這些早期的狗狗，極有可能來自這片美麗的小島。

有趣的是，儘管中國自古以來對狗狗的態度比較冷淡，並沒有像今天這樣普遍豢養狗，但在三代之前，福州和廈門一帶的居民已經開始和臺灣的狗狗建立聯繫。而這些臺灣土狗，也許正是全球所有家犬的「原始版」。

總結來說，臺灣土狗不僅是一種可愛又機靈的小型犬，它們還可能是全世界狗狗的祖先！想像一下，當你牽著你家土狗走在街上，或許它正在和古老的狗祖先心照不宣地微笑，互相懷念那些遠古時光。是不是有點神奇呢？

第四章　科學家驚見：臺灣是亞特蘭提斯的學術證據

亞特蘭提斯是什麼？柏拉圖對亞特蘭提斯的描述

亞特蘭提斯（Ἀτλαντὶς νῆσος）又稱太陽帝國。說到亞特蘭提斯，我們可得感謝古希臘的哲學大咖柏拉圖。他在2千4百年前的《對話錄》中提到了這個消失的文明，而這可不是柏拉圖的靈感突發，他的消息來源可是希臘的智者梭倫，而梭倫則是從埃及老祭司那兒聽來的。亞特蘭提斯的故事分別記載在兩篇對話中：

- 《提瑪友斯》：這篇介紹了亞特蘭提斯帝國的傳說，還附贈一點世界創造的描述，聽起來很像自然科學的早期版教科書。
- 《柯里西亞斯》：在這裡，你能找到亞特蘭提斯島的詳細描繪，包括島民生活和古

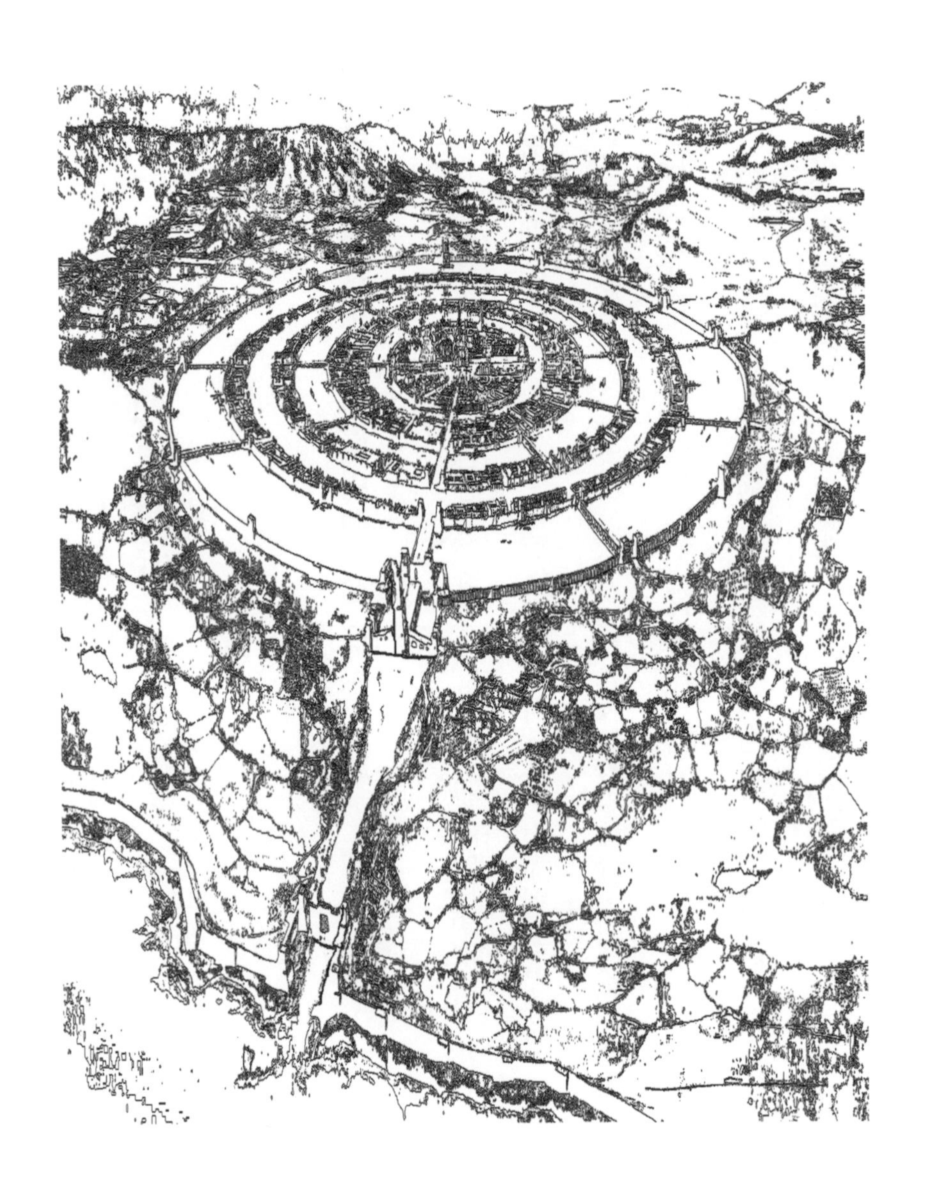

從古代流傳下來的亞特蘭提斯首都的設想圖

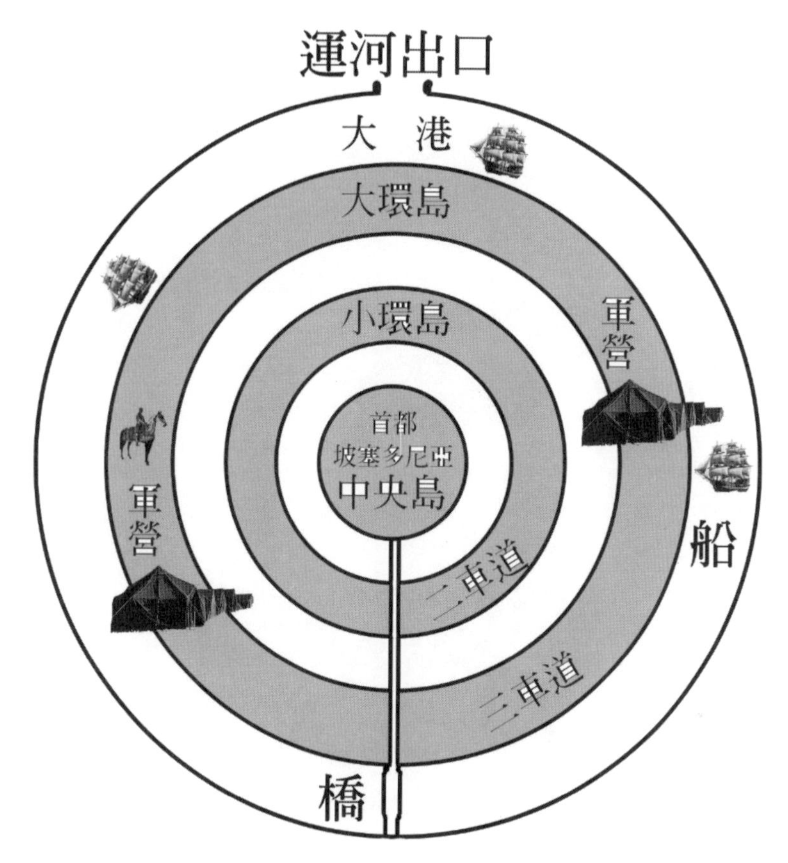

首都坡塞多尼亞的想像圖

冰封白令海峽
格陵蘭
眞正大陸
眞正大陸
亞洲
北美洲
歐洲
地中海
台灣
姆大陸
(大西國)
亞特蘭提斯
非洲
印度洋
南美洲
澳洲
紐西蘭

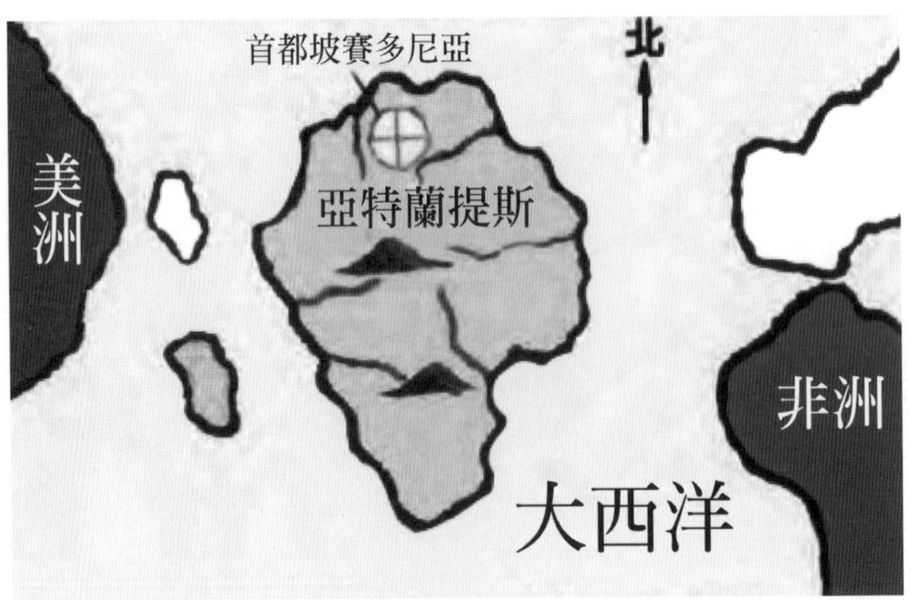
首都坡賽多尼亞
北
美洲
亞特蘭提斯
非洲
大西洋

雅典人的那些趣事。

亞特蘭提斯的超級帝國——想像一下吧！

在遙遠的古代，亞特蘭提斯是大西洋中央的一個巨型島嶼，國王波塞頓不但把島分成了十份，還把這些地區分配給他的五對雙胞胎兒子。當時的亞特蘭提斯可是很霸氣，九萬個區域中，每一個區都有自己的指揮官，統領著多達120萬的兵力。這些部隊四處征戰，向所有崇拜太陽神的地方輸送亞特蘭提斯的文化，妥妥地就是古代的「文化輸出大使」！

高度文明且富裕

亞特蘭提斯擁有豐富的資源和精湛的建築技術，繁榮且富裕。亞特蘭提斯的國王海神將島嶼分為十個區域，交給他的五對雙胞胎兒子統治。亞特蘭提斯擁有強大的軍隊，能動員120萬士兵，積極擴展和宣揚其文化。首都波塞多尼亞周圍有雙層環狀陸地與三道環狀運河，城中心的衛城內有王宮及宏偉的波塞頓神殿，所有的法律條文皆刻於神殿中的山銅柱上，這些法律是王權的根本。

民主體制

亞特蘭提斯在民主制度的治理下，所有法律條文皆刻於波塞頓神殿的青銅柱上，作為帝國王權的根基。這些法律不僅保障了社會的繁榮與富裕，還促使生活在此地的人民溫和賢明，不為巨富所迷失，一切皆以道德為最高準則。他們擁有無窮的寶藏與財富，精通建築技藝，並且擁有許多其他高度文明的成就。

坡塞多尼亞：帝國的心臟

亞特蘭提斯帝國的首都名為坡塞多尼亞，距離海邊只有九公里，四周則是雙層的環狀陸地和三道環狀運河包圍。島中央是它的王宮以及坡塞頓神殿，這裡不僅是帝國的心臟，也是神聖的象徵，妥妥地就是一座古代建築的豪華綜合體！

據說亞特蘭提斯是由海神統治的，他把這座島分成了十份，給了五對雙胞胎兒子管理，這可是「有兒子才是贏家」的最佳範例。平原上設有九萬個區域，每個區域還有個指揮官，這架勢感覺就像是古代版的「國際超級聯盟」。而亞特蘭提斯的首都波塞多尼亞，更是美得像夢一樣：雙層環狀的土地和三道環狀運河，光是描述就讓人想立刻買機票去度假。

亞特蘭提斯帝國的滅亡

然而，這個閃耀的王國也並非一帆風順。貪婪和戰爭就像是糟糕的鄰居，悄悄地潛入了這片美麗的土地。數百年後，社會開始腐敗，人民貪戀財利，隨即燃起征服世界的野心。亞特蘭提斯的軍隊越過直布羅陀海峽進攻歐洲，最終在希臘戰敗，國勢逐漸衰退。

可惜，再強大的文明也難逃「歷史輪迴」的命運。亞特蘭提斯後來開始腐化，像是中了「權力的詛咒」，最終在與希臘的戰爭中大敗，之後還被大自然教訓了，最終，亞特蘭提斯因為大地震與洪水接連發生而沉沒，亞特蘭提斯島與這些好戰的民族在一夜之間沉入海底，永遠消失，彷彿在說：「嘿，我的朋友們，這個盛世可不能持續太久！」從此，亞特蘭提斯便化身為一個令人神往的謎團。

這樣的故事傳了數千年，許多人到處找亞特蘭提斯，可惜全球找了一千多處地方，卻始終沒一個能符合柏拉圖的描述。有人說在德國，有人說在加勒比海，甚至還有人說在南極，不過始終都缺少決定性證據。最有趣的是，科學家們還發現大西洋其實從來沒有沉沒過什麼大陸！

亞特蘭提斯的搜尋與爭議：這到底在哪裡？

所以，亞特蘭提斯到底消失在哪裡了？

這個謎團不僅吸引了古人的目光，現代的我們也無法抗拒其魅力。從柏拉圖的哲學思考，到當代的催眠大師所揭示的前世記憶，亞特蘭提斯的故事依然流傳不衰。甚至還有一些人信誓旦旦地說，臺灣就是亞特蘭提斯的首都！這聽起來是不是太神奇了？

想想看，或許我們的島嶼下，真的埋藏著一些古老的秘密，等著有心人來挖掘。而且，誰知道呢？也許在某個陽光明媚的午後，當你在恆春的海邊悠閒地吃著芒果冰時，會突然感受到來自亞特蘭提斯的神秘能量，讓你瞬間想起過去的某個精彩瞬間！這樣的想像，難道不讓你對亞特蘭提斯的故事更感興趣嗎？

亞特蘭提斯究竟在哪裡？來看看這些爭議焦點，保證讓你「頭暈目眩」：

1. **多地搜尋，選擇障礙症**：世界各地被推測為亞特蘭提斯的遺址數量多到讓人懷疑：到底是哪個地方在「搶」這個頭銜？從德國到直布羅陀，從墨西哥到加勒比海，甚至連印尼也不甘示弱，大家都覺得自己是亞特蘭提斯的故鄉。感覺就像一場全球的尋寶遊戲，只不過沒人知道寶藏在哪裡！

2. **沒有確鑿證據，推測到天荒地老**：各種報導、假設和「根據某些線索」的分析層出不窮，但問題是——這些地方哪一個才是真正的亞特蘭提斯呢？到目前為止，還是沒有一個地方能夠獲得學界的認可，說「這裡就是！」。可能亞特蘭提斯根本就是個「網紅」，大家都在爭取它的「官方認證」地點，但沒人能拿出實錘。

3. **地質學的「硬拒絕」**：根據現代地質學，地球的脈動不像是亞特蘭提斯那樣能一夜沉沒，反而是大西洋板塊逐漸上升。也就是說，想像中的亞特蘭提斯大陸根本就不可能在大西洋沉下去。換句話說，學界已經給了「亞特蘭提斯在大西洋」一個大大的「不可能」。

長久以來，亞特蘭提斯在學術大家爭論著，搜尋著，但最終還是只能對著地圖發愣。

到底這片失落的文明藏在哪裡？

亞特蘭提斯人凱西的回憶

現在讓我們從沉浸於柏拉圖的古老經典中跳出來，進入凱西的「夢中電影院」。

這位來自美國的「睡夢預言家」凱西（Edgar Cayce），如果今天還在世，說不定會成為科技公司的名人，因為他擁有一項前無古人的技能——在夢中遙視！而且他不只看到過去未來，還看到了自己的「前世」身份，竟然是一位亞特蘭提斯人。

凱西揭示了亞特蘭提斯文明突然毀滅的原因，並且他的解讀與柏拉圖的記載驚人地一致。

許多人已經從不同的來源了解了亞特蘭提斯的歷史記載。柏拉圖在他的《對話錄》中詳細描述了這個古老文明的興衰。然而，有一個更為神秘的故事，那就是凱西的預言。凱西雖然從未讀過柏拉圖的著作，但他對亞特蘭提斯的描述與柏拉圖的記錄幾乎完全一致，這引發了學界的廣泛關注。凱西所進行的「亞特蘭提斯催眠透視」持續了二十年，比柏拉圖的描述更為詳盡，這大大提高了亞特蘭提斯曾經存在的可信度。

在我們深入凱西的夢中解讀之前，不妨先回顧一下柏拉圖的記載。柏拉圖在《克里特阿斯》（Critias）和《提邁奧斯》（Timaeus）中，描寫了亞特蘭提斯的輝煌與毀滅。他提到，在梭倫前九千年左右，海格力斯之柱（即直布羅陀海峽）對面存在一個巨大島嶼，那裡的自然資源非常豐富，擁有雄偉的「銅牆鐵壁」城池。亞特蘭提斯因地震和大洪水而沉沒，整個文明在一夜之間消失。

凱西預言的神秘過去與未來：3次災難來襲

凱西（Edgar Cayce）以「亞特蘭提斯人」的身分，對亞特蘭提斯這一史前高度發達文明進行的「生命解讀」。而凱西所見的亞特蘭提斯，更是描繪得淋漓盡致。凱西的催眠透視記錄顯示，他提到，亞特蘭提斯因科技和自然資源的濫用，經歷了三次巨大災難，最終在公元前約1萬7百年前完全沉沒。這些災難使亞特蘭提斯的領土先後分裂為五個、三個，最終只剩下一個島嶼——波塞地亞，並最終沉入海中。

他通過長達20年的催眠透視，揭示了亞特蘭提斯三次毀滅性的災難，這聽起來是不是有點像今天的氣候變遷？第一場災難大約在西元前五萬年，那時亞特蘭提斯的部分土地因板塊移動沉入海中，形成了五個小島。第二場災難發生在兩萬多年前，火山爆發、地震再加上地軸變動，亞特蘭提斯再次分崩離析，僅剩三個小島。最後一次是約一萬多年前，亞特蘭提斯的最後一塊島嶼波塞地亞徹底沉沒。

如此神奇的故事引人深思：臺灣，這片古老而神秘的土地，是否也與亞特蘭提斯有著深刻的聯繫？或許，臺灣正是亞特蘭提斯的遺址，並且隱藏著亞特蘭提斯文明的真正證據。這一切值得我們更加深入地探索與思考。

美國催眠大師揭示多位前世亞特蘭提斯人的神秘生活

在美國，有位催眠大師名叫朵洛莉絲，她可不是一般的催眠師，經過40多年的催眠經歷，她的催眠技術幾乎讓她成為了「回溯歷史的時間旅行者」。朵洛莉絲．侃南，這位一九三一年生於密蘇里州的女士，從一九七九年開始，對幾百位自願者進行催眠，彷彿在玩一場集體「時光機」遊戲，最終將這些回憶集結成書。她自詡為「失落知識的獵人」和心靈探險者，還曾和全球知名的飛碟研究機構 Mufon 一起合作，這可真是外星人的專業玩家！

朵洛莉絲的著作多到讓人數不清，她甚至還是16世紀預言家諾查丹瑪斯和外星文明的頂尖研究者。對她來說，催眠可不僅僅是讓你入睡，而是讓你進入一個全新的宇宙——這可能不是你之前了解的宇宙，至少是你從未想過的前世。

在她的催眠工作中，朵洛莉絲發現許多高級文明都與神秘的亞特蘭提斯有關。她指出，亞特蘭提斯的滅亡和地心爆炸息息相關。這聽起來有點像科幻電影，但更有趣的是，她還與來自其他星球的高級生命進行過「跨星際對話」。據她所言，地球可是個年輕的星球，像個被遺忘的小孩，被故意隔離在太陽系的一個角落，因為其他星球的文明不想讓我們把宇宙搞得一團糟！

她聲稱，自從神創造我們以來，我們就一直在靈魂的形態中遊蕩，甚至曾在不同的星球上生活過。她把多年來的研究拼湊起來，彷彿在解謎，最終將這些知識整理成冊。

想知道幾萬年前的亞特蘭提斯人過著什麼樣的生活嗎？首先，你得了解阿凱西資料庫。這個資料庫裡儲存著靈體每一世的經歷和感受。雖然聽起來像是科幻小說，但尼古拉．特斯拉在一九〇七年就提到，所有物質都源自一種我們幾乎無法感知的基本元素。這就好比說，當你覺得有東西黏在腳底下，其實可能是這種神秘的基本元素。

許多催眠師在催眠的過程中也發現了這種元素的存在。朵洛莉絲經常透過深度催眠讓被催眠者回到前世，為的是挖掘那隱藏的失落知識——簡單來說，她就是要挖掘宇宙的「黑歷史」！

根據催眠資料，大約在一百萬年前，地球已經能孕育智慧生命了。其實根據科學家發現非洲二十億年的鈾衰變，地球的文明已經N次了，催眠中說：很多銀河系的高級生命來到地球，像是在進行生命的「試驗田」。有些播種完就走，有些則留下來長期觀察，或許想看看這裡的泥土能不能培養出一些像樣的人類。至於西方古老傳說中的上帝用泥土造人，以及中國的女媧娘娘也是用泥土造人的，恐怕都是同一種故事吧。

神秘亞特蘭提斯的超凡文明：心靈交流、飛行地毯與水晶的力量

在亞特蘭提斯，居民們可不是用嘴巴聊天的，反而是靠心智來溝通。他們的秘密武器？水晶！這些水晶不僅能放大心靈的聲音，還能讓物體懸空，甚至讓自己漂浮著四處飛翔。據說那個時候飛行器還沒出現，所以如果他們外出不想背東西，簡單的招數就是讓地毯飄起來。很多飛毯的故事，其實都是從這裡開始的，想想看，連大街上買的地毯都能變飛行器，真是太神奇了！

所以，下次你看到地毯時，別只是想到掃地，或許它還藏著許多不為人知的「空中旅遊」故事呢！

除了地毯飛行外，他們還能漂浮著搬運石頭，建造城市。為什麼選擇石頭而不是金屬呢？不是因為他們不懂金屬的妙用，而是因為他們發現一旦把材料加工過，就會失去原有的振動頻率，導致建築物的耐用程度大大下降。所以他們堅持使用原始結構，這也是為什麼埃及的金字塔到現在還能屹立不倒的原因之一。看來，亞特蘭提斯人真是建築界的「原

始派」。

由於他們用心靈感應交流，時間久了，就發展出了共識性。既然共識凌駕一切，那統治者也就不必要了。不過，還是有一個組織專門彙集資訊。每當有人發現新奇事物或新知識時，他們就會心靈感應地傳送到這個組織，再由該組織派人研究。最後的研究結果會被存放在兩個地方：一個是像靈界圖書館的資料庫，另一個是裝著知識的水晶。難怪現代考古學家找不到亞特蘭提斯的證據，因為這些記錄並不在我們已知的世界裡，這靈界圖書館可比現代的雲端技術高級多了！

根據朵洛莉絲的研究，只要人類發展適當的心智慧力，就能讀取這些資料。亞特蘭提斯的小孩從出生起，除了鍛煉肌肉，父母還會特別培養他們的心靈力量，因為心靈力量可是超級強大的！根據朵洛莉絲的說法，其實每個人都有心靈感應的能力，只是現代人對這種能力一無所知，或者說我們已經退化了，完全忘記了這些超能力。

不過，也不是所有地球人都失去這種能力。某些修煉有素的高人，比如西藏的高僧喇嘛，仍然擁有超能力。例如，喇嘛的「虹化」就非常神奇，許多古老的書籍裡都有記載，即將圓寂的高僧經常會飄起來，然後在飄起幾次後，瞬間以光的形式消失，簡直就像魔術一樣！

在和高級生命的交流過程中，亞特蘭提斯人學會了如何改造水晶，讓它們吸收更多的能量，比如陽光、重力和電磁場的能量。外星人告訴朵洛莉絲，南美洲發現的巨大石球其實是當年亞特蘭提斯人在世界各地殖民時的產物，這些石球被他們視為照明設備，還是水晶，能吸收能量後發射出不同的光芒，想必那時的派對可真熱鬧！

說到石球，地球上可有不少，至今人們也搞不清楚它們的來歷。最著名的就是一九三〇年代，在哥斯大黎加叢林裡發現的幾十個巨大石球，這些石球被稱為「秘境石球」，有的直徑幾十公尺，展現出超高的製作工藝，直徑誤差不到1％。發現的石球總共有500個左右，最重的甚至達15噸，簡直就是石球界的奧運會金牌得主！

在亞特蘭提斯的首都，他們建了一座金字塔，裡面放置著最強大的水晶能量。那時，亞特蘭提斯的文明已經不是簡單的島嶼生活，而是繁榮的文明。他們開始製造飛船，還在許多地方建立殖民地。有些人甚至選擇長期生活在海底，這可真是為了追求海洋的「深度」啊，這也就是人魚傳說的由來。

隨著高級生命的幫助，亞特蘭提斯的文明達到了巔峰。在這最後的時刻，竟然出現了一個由科學家領導的派系，他們想要研究一種新能源——地心能源。他們的動機可不單純，因為一旦掌握這種能源，他們就可以控制其他亞特蘭提斯人，這等於控制了整個世界。

科學家們用水晶聚焦陽光，試圖鑽入地心。隨著他們深入地心，地表開始出現大小不一的地震。這時，反對的聲音也出現了，一群大祭司開始發聲警告。一直在關注地球的高級生命也加入了勸說行列，告訴科學家們這樣下去可能會有嚴重後果。但科學家們依然沉迷於實驗，畢竟，成功後的利益實在太過誘惑了。

當他們成功地擊穿地心的瞬間，隨之而來的就是一場大爆炸！大地劇烈搖晃，房屋崩塌，埋藏在地心的岩漿不斷湧出，地球瞬間失去平衡，島嶼迅速沉沒。這次事件影響範圍可不小，很多地方都感受到了不尋常的震動，陸地板塊重新排列，有些隨著亞特蘭提斯沉沒，有些則從海底浮出，這解釋了為什麼一些古老地圖畫出的地球與現在不一樣。

不過，亞特蘭提斯人並沒有全滅。在島嶼沉沒之前，許多大祭司領頭撤離，並帶著大量的知識水晶去到了世界各地，建立起一個又一個文明。

亞特蘭提斯文明的崩壞之謎：科技過度發展與大洪水

想像一下，當你醒來的那一刻，發現不只是手機沒電，而是整個文明都被「重置」了！這情境有些荒誕，但千百年來，有關失落文明的故事層出不窮，這些傳說似乎彷彿在告訴我們一個全球性的災難故事。

古文明的消失並不是因為外星人或奇幻魔法，而是因為一場「超級海嘯派對」席捲全球。是的，我們不是在談什麼好萊塢電影情節，而是傳說中的大洪水，這可是全球各地都有的「大熱話題」！

大洪水：地球的「洗白」計畫

你知道嗎？根據民族學家的說法，全世界至少有500個關於大洪水的神話，這比你每年刷的信用卡帳單還多！而且，不只是海邊的漁民，連沙漠裡的遊牧民族也有這些故事。從北半球到南半球，大洪水神話無處不在，簡直就是地球的「重置鍵」——文明一鍵清空，請重新來過！

根據全球民族學家的說法，關於大洪水的故事可不只一兩個，而是有超過500個傳說版本！這就像現代社會裡的「Netflix 大災難系列」：無論你住在沙漠、海邊還是高山上，你的祖祖輩輩都會告訴你一個大洪水把世界沖洗乾淨的傳說。這些故事甚至比貓還厲害，怎麼丟也丟不掉！

當然，對於這種級別的災難，我們不能只靠神話來解釋，得拉出科學來鎮場。最近，科學家們開始玩一個叫「地理神話學」的新遊戲。它的玩法是：把古老的神話拿出來，和地球科學比對，看看能不能找到蛛絲馬跡。就像二〇〇二年考古學家在希臘斯巴達附近發現了傳說中的特洛伊戰場，這證明了荷馬不是在編故事——他寫的《伊利亞德》有根有據！

但說到那些能沖掉整個文明的大洪水，這可不是隨便一場暴雨或小規模地震能搞定的事兒。我們得找「超級海嘯」來背鍋。想想看，幾百米高的海浪如同一個巨大的水龍捲，掃過城市，沖走一切，就像地球在洗澡一樣。如果你問這麼強的海浪哪來的，科學家告訴我們兩種可能：一是小行星來個大碰撞，把整片海洋給攪和了。想想6千5百萬年前，恐龍就這麼消失了！不過，這對我們來說還有點久遠，人類文明可沒這麼倒霉遇上這種情況。

火山說：「我也有份！」

當然，小行星不是唯一的玩家，火山也來湊熱鬧。火山噴發引發地震，導致整個火山島崩塌，像一個失控的巨石直接砸進海裡，結果是什麼？沒錯，又是一波超級海嘯！傳說中的文明可真的是難逃這些大自然的「招待」。

當小行星說：「我來了」

先來看看小行星的貢獻。大家都記得6千5百萬年前，小行星一撞地球，恐龍就說「再見了，這世界」，不過，幸運的是，現代人類還沒來得及看到這場秀。但這不代表我們能完全躲過天災，我們的祖先可能在這些「宇宙驚喜」面前，也不得不說聲「拜拜」了！

冰河期：大地的「冷藏期」

最後，還得說說第四冰河期結束時的劇情翻轉。那時，地球冷得像冰箱一樣，冰層覆蓋了北半球大部分的地區。但隨著氣候慢慢變暖，冰層融化，這可不是一點點水流進大海，而是整個「水庫」都被倒進去了。科學家還很酷地用珊瑚來重建了過去1萬8千年來海平面上升的「歷史曲線」，結果發現，海平面上升了整整120公尺！那可是相當於把今天的紐約大樓都淹掉的水量啊！

所以，當冰河期退場時，海平面瘋狂上升，一些原本連接陸地的區域，比如臺灣和亞洲大陸，就這麼被大水隔開了。於是我們今天看到的那些小島，當年可能都是「大洲的延伸」。如今我們只能靠潛水探險，才能找到那些失落文明的「海底隧道」。

總結一下：古文明的失落，可能並不是因為什麼詛咒，而是因為地球在玩「水槍大戰」！我們只能希望現在的海平面別再開玩笑了，畢竟我們沒準備好再來一場「超級海嘯派對」！

柏拉圖對亞特蘭提斯的描述與臺灣的聯繫

哲學家柏拉圖，在他的《對話錄》中提到亞特蘭提斯，這個被海神分成十塊土地、交給他的十個兒子統治的超級文明。他們不僅擁有120萬人的龐大軍隊，還蓋起了宛如《星際大戰》中的高科技都市，雙環運河、環狀大陸，甚至還有供奉波塞頓的華麗神殿。聽起來像是現代的智慧城市，對吧？

但好景不常，在經歷了幾百年的繁榮之後，亞特蘭提斯的人民開始變得「太揮霍」，文明衰退，最後一場大地震和洪水把整個島國送進海底。嗯，這有點像我們現在過度依賴科技，結果手機沒電就崩潰的那種情況。

亞特蘭提斯去哪了？科學家說「找不到」

數千年來，許多人為了尋找亞特蘭提斯踏破鐵鞋，從大西洋搜到地中海，結果找到的亞特蘭提斯遺址比現在的網紅景點還多，但哪一個也不符合柏拉圖的描述。科學家還不客氣地告訴我們：根本不可能在大西洋找到這個傳說中的大陸。儘管柏拉圖記載亞特蘭提斯位於大西洋中的一個巨大島嶼，但至今無人能找到與其描述完全符合的遺址。雖然全球報導了超過一千處可能的遺址，卻未有一處被廣泛接受為亞特蘭提斯的遺址。科學家在大西洋的探測結果也顯示，該地區並無沉沒的大陸，甚至認為大西洋海底是一塊上升的地塊。因此，大西洋中存在亞特蘭提斯的說法受到質疑。

亞特蘭提斯位於大西洋的說法並不成立，「真實海洋」是太平洋，而非大西洋

柏拉圖的記載中，亞特蘭提斯是一個位於大西洋中的龐大島國。然而，世界各地至今已有超過千處「疑似亞特蘭提斯」的遺址報導，例如德國的易北河口、直布羅陀外海的安皮爾火山、墨西哥的阿茲特克首都帝諾迪特蘭、地中海的克里特島、南中國海的巽他古陸等等，但這些地點都未獲得普遍承認。科學家們的研究還指出，大西洋底部沒有沉沒的大陸，反而顯示出一個上升的地塊，直接打臉了「大西洋亞特蘭提斯」的說法。

在梭倫的年代，人們根本不知道美洲的存在，當時的地理認識還停留在「大西洋」這片未知的海洋。而臺灣剛好位於太平洋西側，在古人眼中或許就是「大西洋」的一部分。當時的地圖上，這片遙遠的大海就被簡單劃為「大西洋」，但柏拉圖根本不知這片海洋還暗藏著另一個大陸——美洲。

而當我們回到1萬2千年前的冰河時期，白令海峽還被冰雪覆蓋，歐亞大陸和美洲大陸合併成了「真正大陸」，環繞著當時的「真實海洋」——也就是太平洋。因此，梭倫所謂的「真實海洋」或許正是今天的太平洋，而非大西洋。

那麼，亞特蘭提斯在哪裡呢？答案揭曉：臺灣！是的，就是你平時騎著U-bike、享用滷肉飯的這座寶島。從地理位置到傳說中的神秘特徵，臺灣都與亞特蘭提斯不謀而合。根據希臘智者梭倫所提出的亞特蘭提斯的十六項線索，可以發現臺灣與這些線索高度契合，十六項線索如下：

1. 亞特蘭提斯存在於西元前九五六〇年。
2. 當時太陽的運行軌道發生驟變。

3. 發生毀滅性的地震。
4. 全球發生大洪水。
5. 亞特蘭提斯為一個大型島嶼。
6. 面積大於利比亞與亞洲總和。
7. 島嶼高於海平面。
8. 有無數的高山。
9. 島嶼周圍是陡峭的海岸懸崖。
10. 亞特蘭提斯周圍環繞著其他島嶼。
11. 島上有豐富的礦產。
12. 位於已知世界的邊緣。
13. 位於大西洋的遠方。
14. 真正的大陸環繞著「真實海洋」。
15. 亞特蘭提斯位於這片「真實海洋」中。

16. 地中海只是一個海灣。

與臺灣的對應：

・第1項：臺灣雪山山脈北段約在1萬2千年前發生火山爆發，伴隨大規模山崩與超級海嘯，與亞特蘭提斯的毀滅時間相符。

・第2項：1萬2千9百年前，一顆彗星撞擊地球，導致新仙女木冰期的千年寒冷，與梭倫所述太陽軌道改變的時期吻合。

・第3、4項：臺灣東北角約1萬2千年前火山爆發，伴隨毀滅性地震與超級海嘯，與梭倫的描述不謀而合。

・第5項：臺灣是一個大型島嶼，完全符合梭倫的描述。

・第6項：亞特蘭提斯被認為是一個廣大的大陸，雖然現代科學家認為大西洋中沒有這樣的陸地存在，但美洲大陸的面積確實大於利比亞與亞洲總和。當時尚無美洲大陸的概念，亞特蘭提斯可能被誤認為是美洲。

・第7、8項：臺灣的三分之二為山地，擁有超過200座海拔超過3千公尺的高山，與

「無數高山」的描述相符。

・第 9 項：臺灣東部沿海的山脈因地殼運動隆起，形成陡峭的懸崖，符合梭倫的線索。

・第 10 項：臺灣周圍環繞著許多島嶼，如琉球、澎湖、九州、呂宋等，與梭倫的描述一致。

・第 11 項：臺灣擁有豐富的礦產，如冶煉金屬的遺址、北投的硫磺礦以及台東的豐田玉礦，與梭倫的描述相符。

・第 12 項：「已知的世界」指的是歐亞大陸，臺灣位於其東邊，符合梭倫的敘述。

柏拉圖時代未知美洲大陸與太平洋的存在

・第 13 項：在梭倫的年代，人們尚未認識到美洲的存在，當時的地理知識僅限於大西洋，而臺灣位於太平洋的西側，可能被視為大西洋的一部分。柏拉圖並不知曉在地中海口對面的大海洋中存在著美洲大陸，更未曾想過美洲大陸將這片大海洋劃分為大西洋和太平洋；對他來說，這個大海洋就是大西洋。當時的灰色地圖中，隱藏著許多未知的領域。

・第14項：在1萬2千年以前的冰河時期，白令海峽被冰雪所覆蓋，歐亞大陸連結美洲大陸整體合為一個「真正大陸」，正好完全環繞著「真實海洋」——太平洋，而大西洋並未有一個「真正大陸」所環繞。由於這個線索可以發現梭倫所提出的「真實海洋」就是太平洋，而不是大西洋。

在柏拉圖的時代，人們並不知曉位於地中海彼岸的廣大海洋中還有一個美洲大陸，亦無法得知這片大陸將大海劃分為大西洋和太平洋。當時所知的唯一大海便是大西洋，至於其

柏拉圖時代的地圖

他未知的區域，則以灰色區域標示於當時的地圖上。

「真正大陸」與「真實海洋」的概念

・第 15 項：根據第 14 項的線索，我們得知，地球上唯一被「真正大陸」環繞的「真實海洋」即為太平洋。因此，亞特蘭提斯應位於這片「真實海洋」中，而臺灣恰在太平洋內，與梭倫的線索相吻合。

・第 16 項：第 14 項同時揭示，雖然「真實海洋」指的是太平洋，但在當時，太平洋被視為大西洋的一部分，因此，地中海只是「真實海洋」的一個海灣的說法也就可以理解。

真正大陸與真實海洋的說明圖

根據梭倫的十六項線索，第6項指出，大西洋中並無比利比亞和亞洲總面積還大的大陸，當時尚未發現的美洲新大陸可能是指此處。然而，史書上記載有來自直布羅陀海峽以西的亞特蘭提斯帝國軍隊的事實，推測美洲可能存在亞特蘭提斯帝國的殖民地——馬雅克斯帝國，這些軍隊應來自該帝國。除了這一點外，其他線索均有史實支持，並且與臺灣的地理和現代環境相符。

結論：亞特蘭提斯在哪裡？就在我們腳下！

希臘智者梭倫所留下的16個線索，讓你心服口服。這使得我們有充分理由相信，柏拉圖所描述的亞特蘭提斯，其實就是遠古的臺灣島。

從火山爆發到超級海嘯，再到臺灣無數的高山和陡峭的海岸，這些和柏拉圖所描述的亞特蘭提斯簡直一模一樣。你可能想問：「這和我最新購買的iPhone16有什麼關係？」嗯，想想看，當時的亞特蘭提斯人也是科技控啊，他們掌握了超高的建築技術，不僅擁有無數寶藏，還掌握著超高的建築技術。是不是和現代人愛追求高科技、財富的心態有些相似呢？

亞特蘭提斯其實就是臺灣島，這也讓臺灣成為了古文明遺跡的寶藏島！

臺灣到處都是亞特蘭提斯的痕跡，這些證據像是一場歷史尋寶遊戲，我們再來看看這些可能來自亞特蘭提斯的線索：

1. 臺灣附近有許多神秘的海底建築

沒錯，這些海底建構物就像大自然在跟我們玩捉迷藏，藏得好好的，但總有一天會被發現！這些構造也許就是亞特蘭提斯的地下室，現在就沉睡在海底等著我們去挖掘。

2. 臺灣隨處可見的人工地洞

說不定，這些百餘座古地洞就是亞特蘭提斯帝國的秘密隧道，連接著帝國的每個角落。這些地洞可是比我們的捷運系統還要古老呢！

3. 臺灣——巨石文明的發源地

誰說巨石陣只屬於英國？在臺灣的巨石建築可是自帶仙氣，不但年代久遠，還非常有可能是亞特蘭提斯人留下來的「巨石工法」。

4. 其他文明遺蹟——精彩不斷

· **古文字**：沒錯，臺灣的古文字也許就是亞特蘭提斯帝國語言的延續！不管是篆書還是符號，這些字跡訴說著古文明的故事。

· **古代科技的重鎮**：臺灣東北部還有先民工業園區遺址，這些可能就是亞特蘭提斯工匠的作品，從古至今，一直都是高科技工業的熱土！

· **古貨幣**：上古時代的中國貨幣居然是從臺灣來的？這可是貿易路線的古老證據，亞特蘭提斯的財富可能就在其中。

· **南島語族的原鄉**：沒錯，這些神秘的南島語族或許就是亞特蘭提斯人後裔，臺灣無疑是他們的家鄉！

圖：1489 年由阿爾比諾・德・卡內帕繪製的地圖。幻影島嶼安提利亞及其七座城市位於地圖上方；其較小的伴隨島嶼羅伊洛則位於下方。

撒哈拉之眼與亞特蘭提斯的對比：僅限城市形貌的巧合

撒哈拉之眼（理查特結構 Richat Structure）位於茅利塔尼亞的撒哈拉沙漠，因其層層同心圓的外觀被認為與柏拉圖描述的亞特蘭提斯城市結構相似。柏拉圖曾描寫亞特蘭提斯由五個圓環組成，包括兩層陸地與三層水域，

圖片來源：Shutterstock

中心是政治與經濟核心。撒哈拉之眼的環形地貌與此形容高度吻合，其中心圓的直徑（約23.5 公里）也接近柏拉圖所述的數值（23.49 公里）。

然而，除了地貌上的相似性，其他關聯並不具足夠說服力。例如：

1. **地理環境差異**：亞特蘭提斯被形容為靠海的富饒之地，但撒哈拉之眼周邊是乾旱的沙漠，雖有海洋化石發現，但僅能說明此地曾有水體存在，無法確定與亞特蘭提斯的連

結。

2. **礦產與建材巧合**：撒哈拉之眼所在地的礦產（如金、銀、銅、鐵）與亞特蘭提斯的描述相符，然而，這些資源在非洲多地也有分布，難以視為獨特證據。

3. **古地圖與傳說**：雖有古地圖標示茅利塔尼亞可能與亞特蘭提斯相關，且該地區的傳說中提到的「阿特拉斯」與柏拉圖的記載相似，但這些元素多屬巧合，缺乏實質的歷史或考古支撐。

由於亞特蘭提斯曾是一個強大的文明，其影響可能遍及多個地區，許多地方可能依循其環形結構進行城市規劃。因此，「撒哈拉之眼」或許也是受到亞特蘭提斯影響的規劃城市之一。然而，若將其視為亞特蘭提斯的首都，現有條件仍無法與台灣所具備的眾多符合條件相比。

安提利亞和臺灣，島嶼版的雙胞胎大揭密

安提利亞（或稱 Antilia）是一個15世紀大航海時代所謂的幻影島，據說位於大西洋，

遠離葡萄牙和西班牙的西邊。該島也被稱為七城之島（葡萄牙語為Ilha das Sete Cidades，西班牙語為Isla de las Siete Ciudades）。資料來源為臺灣古文明研究專家何顯榮。

安提利亞的傳說起源於伊比利亞半島的古老故事，背景在約714年穆斯林征服西班牙的時期。為了逃避穆斯林征服者，七位西哥德基督教主教帶領信徒出航，最終在大西洋的一座島嶼上登陸（即安提利亞），並在該島建立了七座定居點。

該島首次出現在一四二四年祖安・皮齊加諾的海圖中，顯示為一個大型矩形島嶼。此後，它經常出現在15世紀的大多數航海圖中。一四九二年後，隨著對北大西洋的探索和地圖的精確化，安提利亞逐漸從地圖上消失。然而，它的名字仍被用來命名西班牙的安的列斯群島。

安提利亞在15世紀航海圖上頻繁出現，促使人們猜測它可能代表著美洲大陸，並激發了許多關於哥倫布之前跨洋接觸的理論。

自古典時代以來，大西洋中的島嶼，不論是傳說中的還是現實存在的，都有記載。詩人如荷馬和賀拉斯曾歌頌幸福群島的烏托邦故事。柏拉圖則描述了亞特蘭提斯的烏托邦傳說。古代作家如普魯塔克、斯特拉波，以及更明確的老普林尼和托勒密，都證實了加那利群島的存在。一些現實存在的島嶼名字後來再次出現在地圖上，但已變成帶有傳說色彩的神話島嶼，例如山羊島（capraria）和狗島（canaria）經常與加那利群島分別標示在地圖上（如一三六七年皮齊加諾兄弟的海圖）。

中世紀時期，基督教版本的這些傳說開始興起，尤其是愛爾蘭的 immrama（描述英雄前往異界的旅程），如 Uí Corra 的 immram，或 6 世紀愛爾蘭傳教士聖布蘭登和聖馬洛的航海傳說。這些傳說為後來幾個大

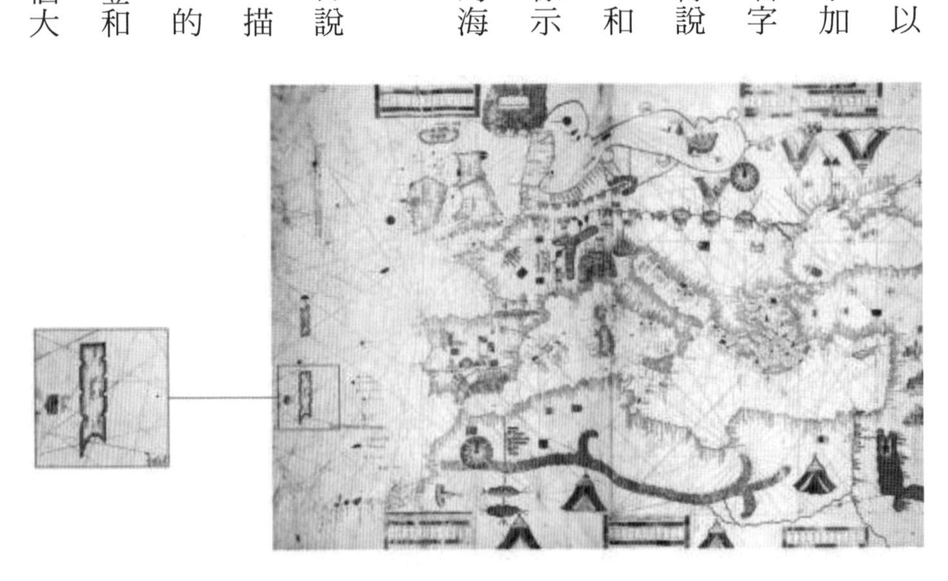

阿爾比諾・德・卡內帕 1489 年繪製的全地圖，展示安提利亞（西部）與伊比利亞半島的相對位置。

西洋傳說中的島嶼，如聖布蘭登島和伊瑪島提供了素材。北歐航海者前往格陵蘭和文蘭的傳說，如格陵蘭人傳奇和紅髯埃里克的傳說，也對這些故事產生了影響。北歐人與北美原住民的接觸似乎也滲透進了愛爾蘭的 immrama 故事中。

靠近加那利群島、馬德拉群島和亞速爾群島的伊比利亞半島居民，也講述了他們自己的大西洋島嶼傳說。中世紀的安達盧斯阿拉伯人講述了航海家哈希克哈什・科爾多瓦的9世紀大西洋探險故事以及阿爾伊德里西記載的12世紀里斯本八個浪子的故事。

由於希臘、北歐、愛爾蘭、阿拉伯和伊比利亞不同航海者的傳說相互交織影響，許多傳說中的大西洋島嶼，如神話中的巴西爾島和瑪姆島，其來源變得難以辨別。

安提利亞的傳說源自基督教伊比利亞，據說在約714年穆斯林征服西班牙時，七位西哥德主教帶著信徒逃入大西洋，並在島上定居，燒毀了船隻以斷絕與穆斯林統治的故土的聯繫。他們在島上建立了七座城市。在某些版本中，這七座城市的名稱為 Aira、Antuab、Ansalli、Ansesseli、Ansodi、Ansolli 和 Con。

安提利亞島上有8個港口，其中7個竟然與臺灣港口吻合

當我們翻開15、16世紀的航海圖，竟能發現兩座看似神秘的島嶼——安提利亞和薩塔那茲，分布在大西洋中央海脊附近，這些島嶼曾被認為是臺灣與日本。

先來聊聊古希臘哲學家亞里斯多德的著作。他提到，迦太基的商人曾航行穿越大海，抵達一座富饒的島嶼——安提利亞。這個故事簡直就是古代版的「冒險家故事」，而哥倫布的探險之旅其中一個目的，居然就是去驗證這座神秘島嶼的真實性，搞得就像是要去「追尋傳說中的寶藏」！

根據西元一四二四年的古海圖，安提利亞的長度約為500公里，寬度約200公里，形狀頗為像臺灣。東北海岸線如同一把尖刀，西北岸則圓潤如藝術品，兩者的相似度簡直讓人驚掉下巴。這張地圖宛如當時的 Google Maps，卻意外地揭示出驚人的巧合：臺灣有60條河流，安提利亞島有8個港口，其中7個與現今臺灣的港口吻合。如果你對數學沒那麼敏感，這裡有個超現實的機率：兩億分之一！這可比中彩票還難啊！如果我們進一步將臺灣

五大河流與安提利亞五大河流進行比較，那麼符合的機率是300萬分之一。再看臺灣東部，4條主要河流和安提利亞東部的4個港口完全契合。這說明什麼呢？安提利亞製圖師可能在畫圖時悄悄讀了臺灣的「未來」！

至於剩下的河流，它們的位置也與臺灣的地理環境相當接近。這難道僅僅是巧合嗎？還是說，古代製圖師們早就知道臺灣與安提利亞之間的密切關係？畢竟，即使是他出錯的機率也只有三萬分之一。這幾乎可以視為「安提利亞就是臺灣」的鐵證。

再來讓我們深入探索沿海特徵，就如同今天我們使用衛星地圖來分析海岸線一樣，當年他們同樣描繪了每個重要的海灣、海岬和小島。臺灣和安提利亞都有著一條俏皮的東北海岸線，末端尖銳如一把切蛋糕的刀，讓人不禁聯想到今天科技公司為爭奪「尖端技術」而競爭的情景。更妙的是，臺灣西部那條溫和圓潤的海岸線似乎在向每一位貿易商熱情招手，尤其是那些滿載著黃金沙子的商人。當時的金沙之多，以至於下游的居民不必辛苦淘金，只需隨意撈撈便能收穫滿滿。這不禁讓人聯想到今日網上購物的即時快樂，安提利亞與臺灣的這個對比，彷彿在說：「看吧，我們是一家人！」如此緊密的聯繫，無疑讓人懷疑它們之間的歷史關聯。

值得注意的是，澎湖這個島嶼位於臺灣西海岸，與航海圖上標記的尺寸、位置，甚至入口方向，都驚人地相符。這難道不是一場「島嶼版的雙胞胎大揭密」嗎？兩者之間的相似性不僅是偶然，更是歷史的巧合。

再者，讓我們關注地名的演變。安提利亞這個名稱聽起來就像是一個容易在「破音猜猜看」遊戲中搞混的詞，或許最初是由波利尼西亞人命名，後來被東方人稍作修改。就如同今天我們把「Latte」稱作「拿鐵」一般，這個名字在一代代海上貿易商之間傳遞，變得愈加有趣。想像一下，阿拉伯的貿易商如何接收到這個名字，然後交給威尼斯人，那不就是一場跨時空的「耳語遊戲」嗎？雖然我們無法確定最初的名字究竟如何演變為今天的樣子，但這一過程值得我們好好研究，因為語言的錯位往往比時尚潮流更具趣味性和深度。

總結來說，一四二四年的航海圖不僅僅是一幅地圖，它是歷史與文化交織的見證，展現了古代人類對於地理的認知和探索精神。無論是河流的吻合、沿海特徵的相似，還是地

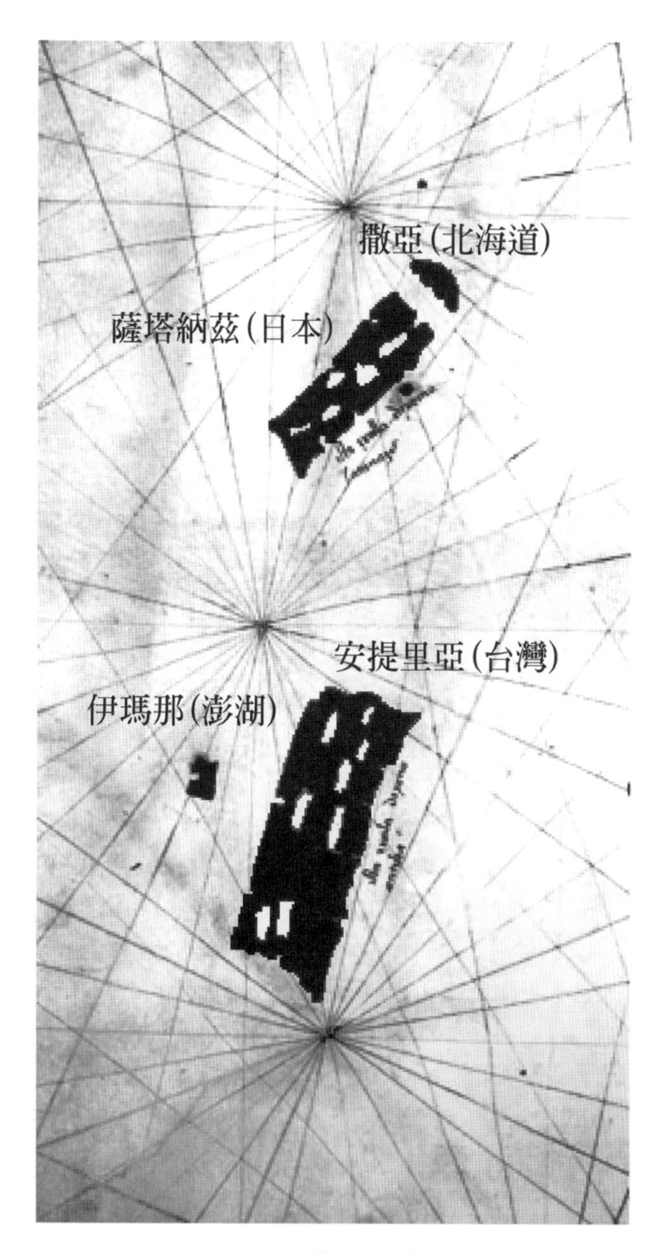

15、16 世紀航海圖

名的演變，這些都讓我們不得不思考：臺灣與安提利亞之間的關聯，是否真的如我們想象中那般深遠而神秘？

亞特蘭提斯與安提利亞的傳說

根據古代傳說，亞特蘭提斯曾是位於大西洋上的一個高度文明的大陸，並且其首都「安提利亞」可能就是如今的臺灣島。亞特蘭提斯與安提利亞的故事起源於柏拉圖《對話錄》中的記述，並經由許多文化的流傳，成為大西洋神秘島嶼的傳說。傳說中的亞特蘭提斯在1萬2千年前因大規模的地震與洪水而沉

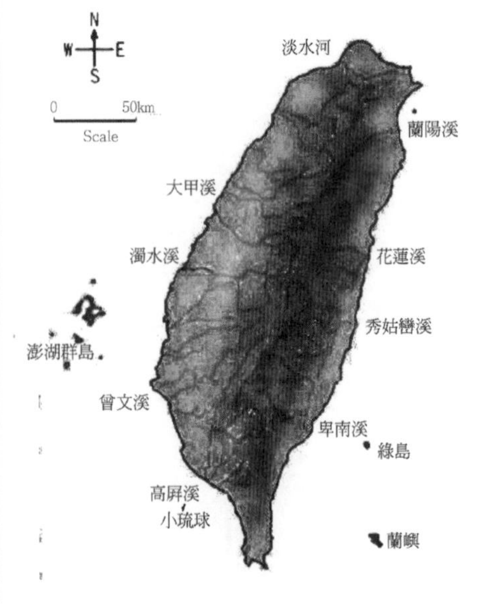

1424 年繪製的海圖與現在臺灣地圖的比較

沒，而這個失落的文明曾經高度繁榮，以強大的力量統治著周邊地區。

安提利亞的傳說與歷史記載

「安提利亞」這個名字最早出現在15世紀的航海圖中，被描繪為一座神秘的幻影島嶼，位於大西洋深處，遠離葡萄牙與西班牙的西方。據傳，在穆斯林征服西班牙時，七位基督教主教為了躲避戰火，帶領信眾航行至安提利亞並定居於此，建立了七座城市。這座島嶼在航海圖中頻繁出現，並被推測為哥倫布之前可能存在的美洲大陸之一。

一四八九年，地圖製作師阿爾比諾．德．卡內帕的地圖上清楚描繪了安提利亞的形象，而隨著航海技術的進步和大西洋的探索，安提利亞逐漸從地圖上消失，但其名卻被沿用於今日的安的列斯群島。

在一四二四年的航海圖上，臺灣的五大河川與安提利亞島上的十條河川，竟然正好對上了五條！而另外七條的位置也跟實際地理區域近似得令人驚訝。如果這些證據還不足以讓你讚嘆不已，那麼請注意，這張航海圖上還畫出了所有重要的沿海特徵，比如海灣、海岬和海島。安提利亞和臺灣的東北海岸線都有著獨特的輪廓，末端的海岬都鋒利得像是剛剛磨利的刀。而西部的海岸線則圓潤得如同一顆完美的水蜜桃。再者，臺灣的西北角還藏著黃金般的金沙，那時候的金沙數量可多得讓下游的人能輕易發現，這可是安提利亞和臺灣之間的另一個契合點。

此外，臺灣也完美符合安提利亞的要求——必須有一個島嶼位於本島的西海岸。澎湖不僅在尺寸和位置上與一四二四年的圖表一致，甚至還與該圖所描繪的入口和方向大致吻合，真是一對天作之合！

另一個值得一提的考慮因素是安提利亞與臺灣地名的關聯。安提利亞的原始名稱無疑源自波利尼西亞人，但後來這些名字又被東方人改頭換面。某些名字的變化還算接近原樣，然而，有些則可能因為發音錯誤而產生了巨大的變化。假設這些命名的失誤傳遞到了阿拉伯貿易商手中（這樣的假設還挺合理的），你猜這些名字會變成什麼樣子？接著，如果威尼斯人從阿拉伯商人那得知了這個名字，後來又傳遞下去，會變成怎麼樣？這個問題可能永遠無法獲得答案，但絕對值得我們花時間研究一番！

最後，作為最終證據，我們還得看看數學概率。臺灣擁有60條河流，而一四二四年的安提利亞則有8個港口，其中7個和現今的臺灣港口對得上。如果把臺灣的60條河流和安提利亞的河流進行對比，完美匹配的機率大約是兩億分之一。再來，若是比較臺灣的五大河流和安提利亞島上的五大河流，完全吻合的機率則是三百萬分之一。在臺灣東部，有四條主要河流，安提利亞島在東部也有四個主要的港口。若以臺灣最大的18條河流來看，臺灣的四個主要港口要完全符合這些河流的機率是約三千分之一。至於只考慮臺灣的18條河流，安提利亞的製圖者卻能成功配對出五條主要的河流與另外兩條，這可是在他不小心出錯的機率只有三萬分之一的情況下完成的。現在幾乎可以確定的是：「安提利亞就是臺灣」——這可真是個驚人的發現！

科學家考證亞特蘭提斯首都安提利亞就是臺灣島

科學家們對於安提利亞的考證越來越有趣，尤其是南佛羅里達大學的羅伯特・菲森教授在一九九五年出版的《傳奇大洋島》中，提出了他的獨特見解。他針對安提利亞這個神秘大島進行了詳細的考證，列出了四項論點，讓人不禁想喊一聲「哇，太神奇了！」：

1. 大小與形狀：安提利亞的尺寸和形狀與臺灣頗為相似，彷彿是雙胞胎，只是不同的育成環境。

2. 主要河口與五大河川：兩者的主要河流系統也有驚人的相似之處，讓人懷疑臺灣的水系是不是也受到安提利亞的啟發。

3. 海岸線特徵：安提利亞的海岸線特徵和臺灣也有許多相似之處，讓人忍不住想：難道是同一位設計師在設計海岸線？

4. 金沙的寶藏：安提利亞與臺灣一樣，擁有豐富的金沙，這讓兩者在財富上似乎有了一層神秘的聯繫。

而且，菲森教授還指出，安提利亞西方的小島伊瑪那，正是澎湖群島的最佳替身！基於這些論點，他下的結論是：位於真實海洋（也就是太平洋）中的安提利亞，其實就是首次出現在西方地圖上的太平洋島嶼——臺灣。因此，菲森認定亞特蘭提斯的遺留，正是如今的臺灣島！

下次有人跟你提起亞特蘭提斯，你就可以神秘一笑，告訴他：「亞特蘭提斯？啊，那不就是我們臺灣嘛！」

亞特蘭提斯與臺灣的聯繫

根據柏拉圖的記述，亞特蘭提斯位於大西洋的中心，曾是一片面積超過利比亞與亞洲總和的大陸。雖然至今科學家在大西洋中未能發現符合柏拉圖描述的沉沒大陸，但有一種理論認為，臺灣島可能就是亞特蘭提斯的遺址。

支持這一觀點的理由包括臺灣的地理特徵與亞特蘭提斯的描述極為相似。臺灣島擁有險峻的高山、陡峭的海岸線，並且位於太平洋的邊緣，與柏拉圖筆下的亞特蘭提斯十分吻合。此外，柏拉圖提到的毀滅性災難，如地震和洪水，與臺灣地區的地質活動特徵也相符，這些自然災害或許是造成亞特蘭提斯沉沒的原因之一。

亞特蘭提斯的首都波塞多尼亞，居然就坐落在蘇澳灣附近！這可真是個意外的發現，難道古代的建築師們也對這裡的美景情有獨鍾？來看看幾個令人驚訝的巧合：

1. 建築材料隨手可得：波塞多尼亞的建築物最流行的顏色可不是隨便選的，白色大理石和黑色蛇紋石都是在蘇澳附近的當地特產，讓這些古建築看起來真是氣派又不費吹灰之力！從北到南，這些石材的出產範圍長達二百公里，簡直就是一條石材的「黃金大道」。

2. 冷泉和溫泉的完美組合：想必波塞多尼亞的居民在享受溫泉的同時，也能在冷泉裡來個「冰火兩重天」，而這兩種泉水在蘇澳也是有得享的！試想，來這裡的旅客要是知道這一點，肯定會熱情地問：「請問哪裡有水療服務？」

3. 古木雕圖案和環狀運河的巧合：有趣的是，當地原住民的古木雕圖案與波塞多尼亞的環狀運河居然有些相似，這就讓人想起「有心人相見」，難道這些雕刻師們和古代的水道設計師是同一個圈子的朋友？

而且，當我們說到臺灣東部的石材，就不得不提到白色大理石、黑色蛇紋石和紅色玫瑰石。這些顏色各異的石材在蘇澳附近應有盡有，無論是建造亞特蘭提斯首都的風格還是當地的地貌，都是完美的搭配！所以，若你還在尋找亞特蘭提斯的下落，或許蘇澳灣的水面下，藏著一段神秘的歷史呢！

2. 首都有冷泉和溫泉在蘇澳附近也都有

亞特蘭提斯首都波塞多尼亞有冷泉和溫泉，居民可享受溫、冷泉浴。現在的宜蘭縣境內就有蘇澳冷泉和礁溪溫泉兩處，正符合首都的特徵。

亞特蘭提斯的首都波塞多尼亞可是個享受的天堂，因為那裡有冷泉和溫泉，讓居民可以隨心所欲地享受溫、冷泉浴。如今，在宜蘭縣內，我們也能找到這樣的完美組合：蘇澳冷泉和礁溪溫泉兩處，不僅恰好符合波塞多尼亞的特色，還讓現代人也能體驗到古代居民的奢華生活！所以，如果你想要感受一下亞特蘭提斯的氛圍，不妨去蘇澳和礁溪來一場溫泉之旅，讓自己沉浸在這份美好中。

原住民古木雕圖案與首都環狀運河的相似性

在臺灣歷史博物館中，許多凱達格蘭族的古木雕展現了各種特殊圖形與圖像，其中不乏圓形都城的圖案和梅花鹿的雕刻（左圖）。這些雕刻的圓狀都城平面圖形（左圖）與古人對亞特蘭提斯首都「波塞多尼亞」的想像圖（右圖）相似，這或許可以作為臺灣島就是人類失落的最早文明亞特蘭提斯的證據之一。

首都所在地的推測

亞特蘭提斯的首都在冰河期建立，應當位於一個大海港口附近，並有大河流和運河貫穿，這樣才能讓大船順利航行到達全球各地。從圖中可以看出，首都應該位於臺灣東岸，面對太平洋，並且有著大型河流流過。根據推測，這個位置很可能在舊蘭陽溪的出海口附近，即蘇澳灣的海底。如此一來，亞特蘭提斯的神秘面紗又多了一層引人入勝的聯繫！

古臺灣島與亞特蘭提斯的特徵

不僅如此，古臺灣還是動物王國的發源地！劍齒象、

乳齒象化石都在這裡找到，彷彿亞特蘭提斯的壯觀動物園正是如今的臺灣。別忘了，從牛科化石到野牛遺址，臺灣處處顯示著古生物的足跡，讓人不禁猜想，亞特蘭提斯的十位國王是不是早就玩過捕牛達人這樣的極限運動？

1. 古臺灣曾是古象的棲息地

· 柏拉圖描述亞特蘭提斯島嶺嶙峋的海岸、壯麗的山脈和草木繁茂的平原，島上有大量的大象。臺灣的地形中三分之二為山地，另三分之一為草木繁盛的平原，並且以其豐富的生物多樣性聞名於世。這些描述均與柏拉圖在《對話錄》中的敘述相符。

在臺灣台南新化丘陵、菜寮溪及全省各地都發現了古象化石，包含中國劍齒象、臺灣長毛象、亞洲象等。這些化石大多屬於更新世時期，顯示古象曾廣泛分布於臺灣，與柏拉圖對亞特蘭提斯的描述相符。

2. 古臺灣遍布野牛

・柏拉圖提到亞特蘭提斯的國王們以木棍和繩索捕捉野牛作為祭品。臺灣曾經是野牛的棲息地，澎湖海溝、台南縣左鎮崎頂層等地出土了牛科化石，這些化石也多屬更新世中期。這一特徵亦與亞特蘭提斯的記載相符。

臺灣杉：冰河時期的活化石與珍貴自然遺產

除了神秘的歷史背景，臺灣的自然環境也是無與倫比。從海岸到高山，臺灣擁有四千多種原生植物，其中不乏兩億年前的「活化石」。例如，

臺灣的森林生態系特色，從海岸水域到四千公尺的高山環境中，分布著四千四百多種原生維管束植物，部分種類是兩億年前的冰河孑遺植物，有些物種更深具聯合國「世界自然遺產」的價值。例如，「紅檜」、「扁柏」、「臺灣杉」、「玉山圓柏」，皆是臺灣特有珍貴古老樹種，更受到國內外植物生態學界的重視。這些古老樹種的存在不僅證明了臺灣在冰河時期的避難功能，也讓我們聯想到亞特蘭提斯文明的高度發展和特殊環境。

臺灣的地理特徵造就了其獨特的生態環境，玉山及其周邊山脈的主要山稜有效地截流了西南氣流和東北季風，形成了雲霧覆蓋的中海拔雲霧帶。這些雲霧帶主要分布於1千8百到2千5百公尺的範圍內，主要包括檜木林帶。這些雲霧環繞的區域，隱藏著珍貴的自然寶藏，其中包括臺灣杉——目前已知的全台最高大樹種，紀錄中的最大高度達90幾公尺，甚至有可能突破百公尺。這些巨樹的存在證實了臺灣在北半球冰河時期的極端環境下，成為了理想的避難所，保存了珍貴的自然遺產。

這片特殊的森林區域被稱為「Malawosu」，臺灣杉的最早標本應該是在一八九八年由本多靜六所採集，但直到一九〇九年，日本植物學家早田文藏才首次發表相關研究。臺灣杉被稱為「活化石」，其歷史可追溯至地球悠久的年代，可能在第一次冰河時期從東喜馬拉雅山系、雲南甚至中南半島遷徙至臺灣。當時臺灣海峽尚未形成，這些古老樹種因此得以從東喜馬拉雅山系引渡至臺灣，成為珍貴的自然遺產。

不論我們是在談亞特蘭提斯的沉沒，還是現代的臺灣，我們無法忽視真實與虛幻交織的歷史。隨著現代科技發展，像是ＡＩ輔助考古、沉船探索，誰能說我們不會在臺灣的

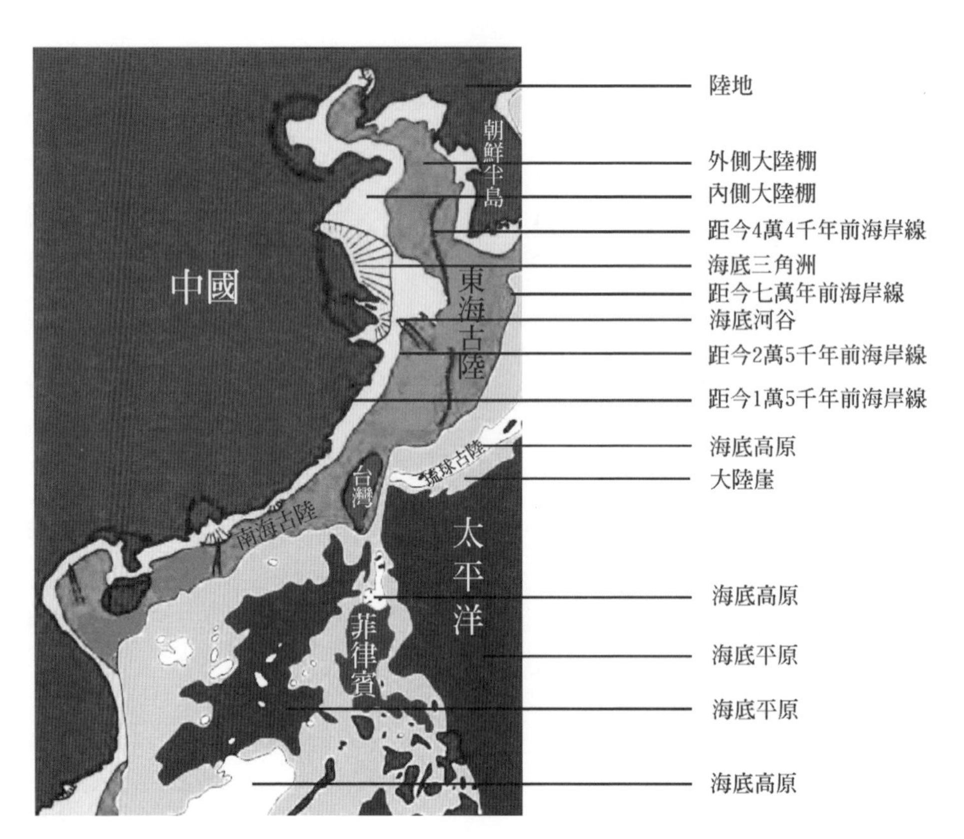

第四冰河期臺灣周圍地形圖

圖：太陽帝國首都應在蘇澳灣海底

山間或海底發現這座失落的文明？下次當你在街頭快閃自拍，不妨想一想，你腳下的土地，或許就是亞特蘭提斯的遺址。

太陽帝國的首都可能位於蘇澳灣的海底——德奈利與亞特蘭提斯學的研究

德奈利，亞特蘭提斯學之父，提出了13條綱領，認為亞特蘭提斯與臺灣島密切相關。曾任美國眾議院議員的德奈利，退居政壇後，專注於亞特蘭提斯的研究。他參考了梭倫所提供的16條線索，並基於地殼位移理論推斷氣候狀況，科學性地檢討了新舊大陸的文明遺跡，以及動植物的相似性。一八八二年，他出版了《大洪水前的世界——亞特蘭提斯》，該書迅速成為暢銷書。他的研究結晶形成了「13綱領」，此後亞特蘭提斯學的所有研究都可說是基於這些綱領，為此他也被譽為「科學性的亞特蘭提斯學之父」。

德奈利的亞特蘭提斯13綱領概要：

1. 亞特蘭提斯位於大西洋中，對應於地中海對面的大陸遺跡，是一座與古代世界相聯的巨大島嶼。

2. 柏拉圖所記載的亞特蘭提斯並非虛構，而是真實的歷史。
3. 亞特蘭提斯是人類脫離原始生活、邁向文明的起源地。
4. 隨著時間推移，亞特蘭提斯發展成為一個強盛的國家，人民遷徙至全球，包括美洲、歐洲、地中海沿岸等地。
5. 亞特蘭提斯是大洪水前的真實世界，神話中的伊甸園、極樂世界等均是對其的集體記憶。
6. 古希臘、腓尼基、印度等文化的神祇，皆是亞特蘭提斯的王室人物被神格化後流傳的神話。
7. 埃及和祕魯的太陽崇拜宗教，皆源自亞特蘭提斯。
8. 亞特蘭提斯建立的最早殖民地可能是埃及，其文明是大西洋島嶼文明的延續。
9. 歐洲青銅器時代的技術來自亞特蘭提斯，亞特蘭提斯也是最早的鐵器製造者。
10. 腓尼基人的字母系統源自亞特蘭提斯，並傳至馬雅文明。
11. 亞特蘭提斯是雅利安人或印歐語系國家與塞姆族的發源地。

12. 亞特蘭提斯因自然災變而滅亡，整個島嶼沉入海底。

13. 部分亞特蘭提斯居民逃離，將大災難的消息帶往世界各地，並以洪水傳說流傳至今。

德奈利的 13 綱領與臺灣環境的相符之處：

1. 梭倫當時尚不知美洲的存在，因此將美洲與太平洋包含在大西洋中。根據梭倫的線索，亞特蘭提斯位於連接歐亞大陸和美洲大陸的「真實海洋」——即太平洋。這意味著亞特蘭提斯應位於太平洋中，而臺灣正是太平洋中的一個大島，擁有輝煌的古文明。

2. 《荷馬史詩》中的特洛伊戰爭遺址已被發現，證實其歷史性。同樣，中國古籍中記載的「蓬萊仙島」也真實存在，並且可以推斷，蓬萊仙島即為亞特蘭提斯，亦即古臺灣。

3. 亞特蘭提斯是人類文明的起源地，即「伊甸園」，其統治者為「太陽帝國」，而根據研究，太陽帝國正是古臺灣。

4. 《失落的姆大陸》提到亞特蘭提斯帝國人民遷徙至世界各地，建立了多個殖民地，而臺灣可能是這個強大帝國的核心。

5. 亞特蘭提斯帝國時代的臺灣，物產豐富、人民安居樂業，後代人對其記憶深刻，以不同名稱如伊甸園、天堂等傳頌。

6. 古希臘、腓尼基、印度和北歐並非亞特蘭提斯的殖民地，而是姆大陸（Mu）太陽帝國的屬地，這個太陽帝國便是在古臺灣。

7. 埃及和祕魯的太陽崇拜至今仍留存，證明這些地區曾是太陽帝國的殖民地，而太陽帝國的發源地正是古臺灣。

8. 根據《消失的姆大陸》，埃及的文明是太陽帝國文明的重現，而太陽帝國即是亞特蘭提斯，這與臺灣的古文明不謀而合。

9. 二〇〇五年在台東舊香蘭遺址出土的青銅器證明，臺灣早已擁有製造青銅器和鐵器的技術，這與德奈利所描述的亞特蘭提斯文明相符。

10. 腓尼基人和馬雅人的字母系統可能來自亞特蘭提斯，而亞特蘭提斯的字母系統起源於臺灣的古文明。

11. 印歐語系國家、塞姆族等地區都是太陽帝國的殖民地，而太陽帝國的統治中心便是古臺灣。

12. 大約一萬兩千年前，臺灣發生火山爆發和海嘯，導致蘇澳灣的首都波塞多尼亞城沉入海底，被後世誤認為亞特蘭提斯的毀滅。

13. 臺灣的雪山山脈崩塌引發全球性的大洪水，少數倖存者將這場大災難的傳說帶至世界各地，流傳至今。

根據以上德奈利的13綱領，可以推斷「亞特蘭提斯就是古臺灣島」，這一結論與臺灣的環境與歷史條件相吻合。

亞特蘭提斯滅亡警示：我們會步其後塵嗎？

柏拉圖描述了亞特蘭提斯的軍事力量雄厚，並持續向外擴張殖民。與此同時，在日本的琉球群島上，港川人的文明也因大洪水消逝。類似的災難不僅影響了琉球，臺灣原住民等環太平洋地區的民族也世代傳承著先祖在大洪水中幸存的故事，這些傳說成為族群記憶的一部分。約1萬2千年前的超級海嘯摧毀了許多沿海文明，將無數城鎮淹沒在海底。這場毀滅性的災難，不僅讓港川人文明消失，也可能結束了許多古代文明的輝煌歷史。從中我們得知，古文明的毀滅並非只是神話，而是可能真實發生的自然災害。

聽起來亞特蘭提斯的命運像是電影《星際效應》的翻版，他們擁有的科技高度發達，甚至能夠進行身體與思想的瞬間移動，簡直是「元宇宙」的古代版本。然而，他們卻因為無節制地濫用科技，最終自食其果。當他們將「晶石」這種本來用來建設的能量轉為武器，失控的晶石攪動了地球的環境，最終導致了整個文明的毀滅。柏拉圖和凱西等歷史人物似乎都在提醒我們：當人們過度追求物質與科技，忘卻與自然的和諧共處，可能會付出意想不到的代價。

我們的時代面臨著相似的挑戰

現代的我們或許正站在與亞特蘭提斯相似的抉擇前。隨著科技不斷發展，ＡＩ取代工作、環保危機與氣候變遷等議題日益凸顯。儘管我們在追求更快、更智能的科技，同時也不免加劇了對環境的破壞。當我們日益依賴科技的便利，是否會有一天像亞特蘭提斯一樣，在清晨醒來卻發現一切為時已晚？

然而，隨著科技的飛速發展，我們同時也必須重視「心靈提升」的必要性。科技的進步固然為我們帶來了無數便捷，但如果我們的心靈與內在無法跟上這些變革，最終我們可能會迷失於浮躁與快節奏的生活中。心靈的提升並非一種逃避現實的手段，而是與科技進步相輔相成的過程，讓我們能夠在日益複雜的世界中找到內在的平衡與安定。當心靈與科技同步成長，我們便能在應對外在挑戰的同時，也能在內心深處尋得真正的力量與方向。

人類未來的抉擇

高度發達的文明究竟因何毀滅？凱西和柏拉圖似乎都在給我們同樣的提示：當人們過於追求物質與科技，而忘記了與自然的和諧共處，代價可能遠比我們想像得大。或許下次我們再點開智慧家電，或者看著ＡＩ寫出的「完美文章」時，也該問問自己：在這場追逐效率與速度的科技競賽中，我們是否也正一步步走向亞特蘭提斯的命運？別忘了，歷史不總是重複，雖然歷史不一定會重演，但它往往在警示我們。亞特蘭提斯的滅亡提醒現代人，科技進步應與自然和諧共生，才能持續造福人類。或許在我們點擊智慧家電、享受人工智能創造的便捷生活時，也該反思：我們在追求效率與速度的同時，是否也在無意間走向亞特蘭提斯的命運？

你有哪些亞特蘭提斯人的特徵？

亞特蘭提斯是一個充滿愛與和平的古老文明，居民擁有高度的靈性智慧與心靈感應能力。傳說中，當亞特蘭提斯大陸沉入海洋之前，這些充滿同情心的居民透過心靈感應向宇宙求援，使部分人得以逃脫劫難。

有些亞特蘭提斯人變成了海洋生物，如海豚、鯨魚，繼續在海中生活；部分人進入地底，另有些人遷往其他星系，或轉移至南極等地。這個大陸被形容為天堂般的美景，清澈的海水、綠意盎然的山脈，陽光永不止息，彷彿一個失落的伊甸園。

亞特蘭提斯人擁有獨特的特徵，例如在水邊會感到心靈復甦、對大自然和動物充滿深厚的愛、具有強烈的直覺能力。這些特質讓他們在這個現實世界中時常感到與眾不同，甚至感到迷失。他們對水晶、能量治療等靈性實踐有天然的吸引力，特別是亞特蘭提斯水晶，據說這些水晶蘊含著亞特蘭提斯古文明的智慧與能量，幫助人們回憶過去並啟迪靈性。

許多亞特蘭提斯人也擁有療癒的天賦，能夠幫助他人治癒心靈。他們在心靈與宇宙的深層連結下，不僅能通靈、使用水晶療法，能與靈性祖先聯繫，汲取智慧，體驗深層的平靜與歸屬感。

這些靈性旅者在地球上肩負著巨大的使命，幫助地球進入新的時代，協助人類療癒過往創傷，並喚醒人類與自然、靈性、所有生物的連結。他們可能投入醫學、能量療法、環境保護等領域，運用與生俱來的潛力來推動世界的轉變。

如果你認為自己是亞特蘭提斯後裔，請相信你的直覺與靈性天賦。去探索、去學習，譬如閱讀有亞特蘭提斯的書籍，或進行能量治療、水晶工作等靈性實踐。這段地球旅程是一段充滿意義的靈性之旅，你的存在將為這個世界帶來積極的改變。

亞特蘭提斯倖存者後裔

亞特蘭提斯毀滅的證據：氣候變遷與地質證據

根據柏拉圖的記載，亞特蘭提斯的毀滅約在公元前九六〇〇年，正值新仙女木期——一個全球氣溫驟降的冰河時期。科學家推測，這段時期可能是因彗星撞擊地球所致，導致氣溫急遽下降，進而引發冰川迅速崩解。隨之而來的海嘯與地震，在短短24小時內就能摧毀一個文明。美國一支科學團隊在《美國國家科學院院刊》（PNAS）發表研究，提出彗星撞擊或許是這一氣候劇變的原因，並提供多方證據來支持此理論，為亞特蘭提斯毀滅的自然科學解釋提供了一種合理依據。

在此期間，全球範圍的大洪水摧毀了許多古文明。日本的古老傳說記載，沖繩本島的港川人——琉球地區最早的居民——約在一萬八千年前因大洪水而滅絕，古文化消失了萬年之久，直到後來才重新出現文物。同樣地，環太平洋的許多民族，包括臺灣原住民，也有傳說提到他們的祖先在大洪水之後倖存下來，延續了族群的命脈。

科學家根據 ODP1202 站的岩心分析和定年檢測，發現約在一萬兩千年前的沉積物，與港川人滅絕的時期相符。此外，第四冰河期也在同一時期結束。總結來說，人類的古文明可能約在一萬兩千年前因超級海嘯而毀滅。

亞特蘭提斯的「倖存者」都去哪兒了呢？總不會一場災難就讓所有人都消失吧？所以，這些倖存者究竟流落何處？因時間久遠，缺乏確鑿的證據，柏拉圖的描述經常被認為只是他的理想國幻象。那些遺失的姆大陸（Mu）和亞特蘭提斯的後裔們到底去哪了！傳說中，這些消失的超級文明似乎曾在尤卡坦半島上留下蛛絲馬跡，然而，他們的後裔真的就像一陣煙霧般消失了嗎？還是只是躲起來，看我們在現代世界裡窮追不捨呢？

埃德福神廟的發現：亞特蘭提斯的線索？

首先來到墨西哥的尤卡坦半島，這個地點堪稱是瑪雅文明的發源地之一，也被傳說中的姆大陸（Mu）與亞特蘭提斯文明環抱。這裡的叢林中隱藏著無數遠古秘密——比如神秘的「魔法師金字塔」。根據瑪雅的傳說，一位神通廣大的侏儒在一夜之間興建了這座金字塔，給人一種「揮手就能造樓」的感覺。現在我們可以想像一下，當年那些高超的姆建築師們或許只需要一根魔杖就能搞定整個建築項目！

一八三七年，一位英國探險家霍華德・維斯造訪埃及上游尼羅河畔的埃德福村。這個地方遠離現代文明，充滿貧窮與破敗。出於探險家的敏銳直覺，維斯深入一個窩棚，發現了一個隱秘的地洞，洞中儲藏著穀物，牆上密密麻麻地刻滿了古埃及象形文字。儘管他未對此做深入探查，這一發現卻成為後來亞特蘭提斯傳說的線索。

23年後，法國考古學家馬里埃特帶領隊伍深入該地，發現了埃及保存最完好的神廟之一——埃德福神廟，供奉的是古埃及重要的神明——鷹頭神何露斯，傳說中的埃及首位法老。這座神廟擁有厚重的歷史，據推測建於古王朝時期，最後一次維修是在距今約2千2百年前。神廟牆上的象形文字記載的內容非同小可，據解讀記錄了一個遙遠的時代中曾存在的高度文明——這一記載驚人地吻合了柏拉圖所描述的亞特蘭提斯。

「第一時代」的傳說：亞特蘭提斯的毀滅與特徵

根據埃德福神廟內象形文字的解讀，遠古的「第一時代」中，有神祇居住在一座富饒的島嶼上。這個島嶼擁有同心圓環狀結構、中央聳立著神廟，周圍設有深水碼頭，顯示其高度發達的貿易和航運技術。此外，島上有豐富的自然資源，農業繁盛，並且居住著擅長航海的民族，甚至在島外設有廣泛的殖民地。這一切特徵與柏拉圖對亞特蘭提斯的描述如出一轍，幾乎可確定柏拉圖所說的亞特蘭提斯的原型便是這座「第一時代」中的島嶼。

一八三七年，英國探險家維斯在埃及的埃德福村發現了一個滿是古埃及象形文字的神秘地洞。23 年後，法國考古學家馬里埃特率領團隊再度挖掘，並發現了古埃及保存最完好的神廟之一——埃德福神廟。這座神廟供奉著埃及最重要的神祇——鷹頭神何露斯。據說，所有法老都是他的子孫，因此法老被稱為「神的子孫」。

後來，研究古埃及象形文字的學者們解讀出了一段故事：在「第一時代」，神祇居住在一個高度發達的島嶼上，島嶼的中心有著神聖的神殿，四周環海，且擁有先進的海上貿易網絡。聽起來像是柏拉圖所描述的亞特蘭提斯嗎？

也許亞特蘭提斯的倖存者最終流落到了埃及，在那裡留下了他們的神話與文明的痕跡。

講到姆大陸（Mu），不得不提到我們的老朋友——探索者喬治瓦特先生。他在19世紀那個考古技術剛起步的年代，發現了一些神秘的黏土片和古代碑文，據說記錄了姆大陸（Mu）的種種榮耀和最終的毀滅。姆人，不僅會造飛行船，還會飛往其他星球，聽起來簡直就是當代科幻小說的情節！而這些姆人的後代，據說已經「移民」到了印度、美洲，甚至還到處留下了奇怪的石雕和建築。復活節島上的那些巨型石像也被認為是姆人的「自拍留念」，這些雕像們默默地面向大海，好像在說：「我們的家鄉就在那邊！」

我們再回頭看看亞特蘭提斯的故事。傳說亞特蘭提斯的居民個個身材高大，文明發達，還擁有超越時代的科技，可是這塊大陸在一夜之間沉入大海，像極了一場離奇的超自然災難。亞特蘭提斯的後裔，會不會也跟著姆人一樣成為了「無影無蹤的神秘存在」？

說到這裡，不得不感嘆西班牙傳教士當年那場「焚書盛宴」，燒掉了成千上萬的瑪雅古籍，讓我們失去無數解開姆和亞特蘭提斯之謎的機會。那場焚書不僅燒掉了文化，還給了現代學者無數的「猜謎遊戲」。現在，只剩下幾本抄本流傳下來，讓我們瞥見一絲絲史前超級文明的影子。

柏拉圖的資料來源：亞特蘭提斯的傳承

柏拉圖並非亞特蘭提斯的第一手記錄者。他的祖先梭倫在公元前600年拜訪了埃及薩伊斯神廟，聽取了祭司關於亞特蘭提斯的故事。薩伊斯神廟為埃及最古老的神廟之一，據說建於第一位鷹頭神荷魯斯的時代。儘管神廟現已蕩然無存，傳說中的記錄卻將亞特蘭提斯的故事流傳下來，與埃德福神廟的刻文互相印證。這意味著亞特蘭提斯的傳說可能源自埃及古老文明對遙遠記憶的傳承，並且與荷魯斯這位重要的神祇有所關聯。

亞特蘭提斯的高科技生活

好，讓我們一起來回到亞特蘭提斯這座「失落的文明」，來一場奇幻的時空之旅。說起亞特蘭提斯，大家的腦海裡可能馬上浮現出一個高科技的社會，但千萬別急著拿它跟今天的科技相比。亞特蘭提斯人可是玩得更炫，科技水平彷彿是未來人來拍手鼓掌的那種程度，但結局嘛——他們的科技再高端，也還是沒逃過歷史的海嘯。

亞特蘭提斯的守護者：來自前世的見證

英格麗特・本內特這位靈性高手，在冥想中穿越回了亞特蘭提斯當女祭司的時代，親眼目睹了文明的「最後時刻」。作為守護能量水晶的大祭司，她負責看守一顆傳說中的巨型水晶——那可是亞特蘭提斯的能量之源，比我們的手機充電寶高級一百倍！那水晶閃閃發光，時刻為整個城市供電，讓人不得不感嘆：「果然高科技！」

高級生活方式：從髮型到家居的極致講究

亞特蘭提斯的居民，那可是一群愛美如命的「靈性族群」。他們的座右銘大概是「身體是靈魂的廟宇」，不光內修靈性，外表也一樣得體。祭司的標配是白色薄紗長袍，金葉交錯於胸，金髮高高盤起，這妝容講究到讓今日的時尚編輯都自嘆不如。那些男祭司則簡單點，雖然少了金飾，還是優雅不減。整座城市不但乾淨得一塵不染，還充滿靈性氣息。

動物「心有靈犀」——與海豚的心靈對話

亞特蘭提斯人還真有點特異功能，尤其是英格麗特這樣的靈性大祭司，她竟然能和海豚交流！每當她有什麼靈性疑問，海豚總是來給她忠告，讓她瞬間心靈升華。這樣的通靈能力讓我們只能乾瞪眼，畢竟現代人就算再愛動物，最多也就能教狗狗坐下而已。

科技至上的反思：超越我們想像的醫療和飛行器

亞特蘭提斯的科技還真不含糊，從浮空的飛行器到磁場驅動的「車」，就像我們的科幻電影畫面。亞特蘭提斯人甚至不用打電話，有事直接靈感傳送，比我們的 4G、5G 還快。醫療更是高端，治病不是打針吃藥，而是各種水晶、顏色和芳香療法——你可能躺在一塊花崗岩板上，周圍播著音樂，頭頂放著治療水晶，這場面真比任何水療中心都豪華。

學習在母胎就開始了？小小亞特蘭提斯人的靈性教育

亞特蘭提斯的教育更是讓人驚掉下巴。孩子們在出生之前就開始接受靈性熏陶，什麼音樂、顏色振動頻率全安排上。等到孩子能聽懂的時候，教育就全面升級，他們的學習方式是在冥想中通過顏色和音樂來打開腦袋，比今天的學前教育中心還要「進步」！

災難的伏筆：當道德被科技踩在腳下

說到這裡，你可能會想：這麼高科技、這麼靈性的文明為何毀滅？答案其實簡單：道德跟不上技術的速度。亞特蘭提斯人在最後的時代有點過頭，自由隨意到讓人「開放」得太徹底，科技更是被濫用到危險邊緣。科學家們開始搞起了改造「地水火風」的實驗，一不小心把整個自然秩序搞得一團亂，最終大崩潰就在所難免了。

海豚的告別與最終的毀滅

最後的末日來臨時，英格麗特見證了一場前所未見的大災難——火山噴發、濃煙滾滾，整個亞特蘭提斯沉入海底，生靈塗炭。她回頭一望，還看到海豚已經提前避險，似乎早就察覺到災難將至。大地被海水吞沒，場面悲壯而慘烈。傳說中的亞特蘭提斯，就這樣成了我們再也找不到的夢境。

留給後人的啟示

亞特蘭提斯雖然失落，但它留給後人的教訓卻讓我們無法忽視——再高端的科技也抵不住人心的失衡。也許今天的我們可以從他們的故事中學到些什麼：科技固然重要，但別忘了，靈性和道德的平衡才是永遠不變的「水晶」力量。

第五章　臺灣的神秘智慧生物與異次元遺跡

薩納賽的傳說中的上代人

話說在薩納賽的傳說裡，當我們的原住民剛踏上臺灣的土地時，這裡早已住著一群「迷你版」智慧生物。他們被稱為「上代人」，聽起來像是從某個過時的時光機裡走出來的角色，事實上，他們和巨人一起成為了臺灣歷史的「重磅級人物」。這些小矮人身高只有約60公分，就是差不多你家小孩的身高，但他們的力量卻能讓幾個成年人加起來也束手無策。想像一下，如果這些矮人來參加奧運的投擲比賽，能把成人直接「丟」到天空去，估計金牌肯定是他們的。這是一種小型的蜥蜴人，也有可能他們是傳說中阿努納奇留下來，專門挖黃金的。

這些小矮人並不像一般人想像中的脆弱，雖然他們小巧玲瓏，但一個人能輕鬆把一個成年人摺倒。瞪大眼睛看，這些小矮人的眼睛超級大，黑暗中能像雷達一樣精準地看清一切。所以，即便他們住在臺灣的地下洞穴裡，隱形的生活方式也是無懈可擊。說到地下，他們還不是普通的挖土高手，他們一挖洞，土堆起來就像小螞蟻一樣，超有藝術感，別說是土堆了，連黃金也在他們的「地底黃金國」裡隨手可得。

一開始，這些小矮人對人類還算友善，給了他們種子，還教他們怎麼種田——簡直就是「上代人版的農業大師」。但後來，人類人口激增，矮人覺得自己可能得「升級」一下，於是開始對人類不太友好，尤其是對小孩。每到晚上，他們就悄悄溜進村子，偷偷抓走小孩——甚至還會把村民一不小心「吃掉」。這時，人類終於忍不住，發動了反擊，開始往他們的洞穴灌水，結果，這些小矮人就這樣被淹死或者乾脆消失了。哎，這些小矮人沒想到自己會這麼快「退場」。

不過，雖然他們現在已經消失在歷史的舞台上，但在臺灣新竹一帶，依然有個叫做「矮靈祭」的祭祀活動。聽起來是不是像是某種古老的神秘儀式？也許，這不僅僅是古人編出來的故事，這是真實存在的。那些傳說中的 UFO，搞不好真的是他們的「飛行器」，誰知道呢？

新竹小矮人靈魂與古代飛碟：史前洪水與其他文明

在《大慈悲經》中，有一段讓人不禁驚嘆的故事：一位被稱為「世界的榮耀者」的角色，試圖突破生死輪迴的枷鎖，回到宇宙的最高境界——無色界的天國。當宇宙主的光輝閃耀整個宇宙之際，梵天王卻暗自驚訝：這光芒從何而來，怎麼地球上會有如此耀眼的存在？這位好奇的神祇立刻瞬移到地球，來到釋迦牟尼佛的身邊，想一探究竟。釋迦牟尼感受到梵天王的到來，便開始詢問這個世界是否是他的創造。

「等等，世間的痛苦與醜陋可不是我造的！」梵天王驚訝地表示，這世界的奇妙之處真是讓他感到意外。若有空，他倒想多聊聊。此時，信仰印度與佛教的世界中心梅魯山就這樣引入了這場宇宙與人間的對話。

隨著視野轉向苯教的傳說，我們發現一片名為奧莫龍仁的古老大陸，這裡有著神聖的九階山，並流出四條河流，分別命名為安卡、辛度、帕古修和希達。這不禁讓人想起臺灣的原住民神話，尤其是南港縣與這些傳說的密切關聯。甚至在藏語中，這些小大陸被稱為「格林」，與臺灣的凱達格蘭民族有著深厚的連結，似乎在訴說著某種久遠的文化記憶。

不僅如此，排灣族的紋身中也有十字架符號，這十字架與四條聖河相呼應，彷彿是山與海的古典地圖。這些神秘符號所描繪的，不僅是地理的記憶，更是一種文化的延續。在這片土地上，祖先的集體記憶與流傳至今的故事交織成為一幅壯麗的歷史畫卷。

當然，我們的故事並未到此結束。太平洋上的那片大陸，也就是人類的起源地，與伊甸園的傳說息息相關。根據考古學家的研究，紐西蘭被認為是沉沒大陸的最後一塊陸地。這不禁讓人反思，古代的歷史是否真的如神話般分為四個階段：從創世記到黃金時代，再到太陽的征服，最終踏入黑暗時期。

在這段神秘的旅程中，人類的祖先曾忍無可忍地決定去「射擊」太陽。這群英勇的先人們，帶著弓箭，卻意外地將太陽射了下來，讓整個大地陷入黑暗。隨之而來的則是毀滅性的洪水，南部的島嶼也隨之沉沒，只有丘陵微微露出水面，讓人驚心動魄。

這故事的核心，不僅在於大洪水，更在於人類對太陽的征服。古埃及的金字塔與這片土地的傳說相互交織。

在遠古時代，傳說人類的祖先忍受不了酷熱的陽光，決定一起去射擊太陽。據說，只需一支箭便能擊落太陽。當太陽墜落後，天地陷入了黑暗，而另一顆太陽因恐懼不敢現身。這場景揭開了人類尋找太陽的故事，究竟發生了什麼，讓天地間瀰漫著一股異樣的氛圍。

隨後，地球進入了第四個階段：暴雨肆虐，全球掀起洪水，並且伴隨海嘯席捲大地。人們倉皇逃生，有些來不及逃離而被吞沒於水中。洪水過後，大地只剩丘陵稍露水面，所有人沉入海中，食物資源殆盡。為求生存，倖存者搭上簡陋的獨木舟順著黑潮漂流，最終來到臺灣。這段歷程形成了薩那賽的神話核心，講述的不僅僅是洪水，而是征服太陽的壯舉。

有學者指出，這類洪水神話與其他文明有著共鳴。譬如在《古代埃及的終結》中，金字塔文明遭到毀滅，最終沉入大海。科學家在南極洲發現隕石坑和微細隕石塵埃，推測可能在48萬年前，隕石撞擊引發全球災難，遮蔽陽光，地球進入漫長的黑暗期，並可能因此帶來冰河時期。

據傳，在那場大洪水後，由凱達格蘭家族引領的人們登上臺灣，展開新生活。他們在此發現大量金礦，然而，也意外發現了異於人類的智慧生物。撒那賽傳說提到，臺灣的地下洞穴中住著小人族「薩魯索」和「伊可隆」，身高僅約60公分，擁有極大的眼睛，能在黑暗中視物清晰。他們雖然身形嬌小，卻力大無比，甚至能將成年人拋起。

這些小人曾經友善地教導人類耕作技術，然而，隨著人類數量增多，雙方開始產生衝突。小人族被指控夜晚會偷走人類的孩子，甚至襲擊村落。為了保護自己，人類決定團結起來，將他們的巢穴用水淹沒。隨後，這些小人要麼逃離，要麼被洪水吞噬。今日，新竹地區仍有「小矮人靈魂」的祭祀，紀念這些過往的傳說。

當地的神話和遺跡中，還流傳著古時見到飛碟的故事。一些臺灣原住民長老甚至提到，孩童時常見到光盤形物體在夜空中飛行。這些傳說中的智慧生物是否至今仍在深山幽林中存在著，抑或他們早已消失，沒人能確定。只是，這段「尋找太陽」的傳說，或許揭示了人類對真相的探尋與對未知世界的敬畏之情。

臺灣長輩經常提及的神秘莫西那，阿努納奇與小蜥蜴人

在臺灣，有一個神秘又匪夷所思的傳說，這個故事牽扯到「莫西那」。如果你聽過這名字，恐怕是從某個在山野迷路的朋友口中，或者在長輩們唏噓的語氣中。他們總愛聊起這個名為莫西那的神秘存在，說它是那種你在濃密芒草中會偶遇的「魔神」，是那種能讓人一不小心就迷失方向的精怪。

首先，來聊聊「莫西那」的由來。這名字，在閩南語中是「魔神仔」（Mô-sîn-á），有時也被簡稱為「魔神」，或者帶點親切感的「芒神」，簡直像是個不太安分的小妖怪，專門在芒草叢生的地方出沒。你也許會問，「莫西那」這一個名號不僅在山林中流傳，還引發了許多讓人毛骨悚然的失蹤事件。你可別以為這是什麼虛構的故事，這不僅僅是傳聞，還有歷史記錄可查！清朝時代偶有山鬼傳說，到了日治時期的一八九九年，《臺灣日日新報》報導過一件神奇的「人回家後變了樣」事件。報導中還懷疑「是否魔神作祟？」——一看就是莫西那的套路。這些記載都說明，莫西那這個傳說在19世紀末的臺灣

已經是個家喻戶曉的故事，甚至成了失蹤事件的「合理解釋」。有趣的是，國際媒體甚至報導過臺灣社會將莫西那視為山難失蹤的常見原因，這種「超自然解釋」反映了人類面對未知時所謂的「安心配方」。

莫西那的傳說源自《左傳山海經》中的歷史記載。根據這些文獻，莫西那的特徵是一種無角的龍，擁有迷人的魅力，且被認為是水的靈魂。它的外觀特徵像是三歲的小孩，這些特徵混合在一起，塑造了傳說中莫西那的形象。此外，這些描述還讓人聯想到小蜥蜴人，這進一步加深了莫西那神秘且異於常規的形象。在清朝的《諸羅縣志》中記載，臺灣的內山深處人煙稀少，這裡成為了魑魅的生存場所，充滿了神秘的洞窟，這些地方是漢民族所不知曉的。根據《臺灣府志》的記錄，這些洞窟中居住著一種名為「莫西那」的生物，它們的外型令人驚異，既像人類，又擁有鳥喙，並且身上融合了鹿、豬、猿和梅花鹿等動物的特徵。最奇特的是，這些生物會將卵子沉入水中進行繁殖。

根據調查，與莫西那的相遇似乎總是伴隨著失蹤的經歷。過去，曾有多起案例顯示，遇到莫西那的人往往會在熟悉的環境中迷失方向，無法找到回家的路。有些人甚至迷失在森林中數天，最終可能因疲憊或飢餓而被救出，或是在無法逃脫的情況下餓死。有一位老人在摘竹筍途中迷路，儘管他和妻子每日經過這條熟悉的小路，但當天他卻走錯了方向，最終也無法找到回家的路，這似乎與莫西那的神秘力量有關。

這不是那種你掉進河裡、摔了一跤，然後被人找到的「失蹤」，這是那種令人毛骨悚然的失蹤。失蹤者在短短幾個小時內，彷彿被「莫西那」吞噬掉，然後就像蒸發一樣消失不見。有些時候，甚至就在不遠的地方，搜救隊隊員都找不到人。莫西那還會用可口的食物引誘你，實際上你吃了是一堆蘆葦土、蝗蟲的腿，控制你的心智，是不是跟蜥蜴人很相似？

首先，失去方向是莫西那的一個明顯特徵。這可不是單純的迷路，而是讓人懷疑自己是否被某種神秘力量所迷惑。有些人即使在熟悉的路上，卻突然迷失方向，彷彿被幽靈撞上牆壁一般，出現在不該出現的地方，時間似乎也在這裡靜止。想像一下，一位老人採竹筍的過程中，突然朝著錯誤的方向走去，儘管這條路是他和妻子每天必經之地，但因為太過疲憊，反而朝著錯誤的方向前進。這些情況的背後，是否真有莫西那的影響呢？

第二個特徵是失蹤。這種失蹤不同於一般的失踪案例，受害者似乎在短暫的時間內消失無蹤，甚至即使在距離家不遠的地方，也難以被找到。有時，失蹤者的聲音完全被外界忽略，只有當當地的法師進行咒語祈求後，消失的人才得以現身。二〇一三年7月，78歲隨團日籍觀光客鈴木節兵衛7月2日上午在新北市瑞芳區金瓜石黃金博物館園區脫隊失蹤，直至7月6日下午在十五公里外濱海公路旁被禮樂煉銅廠警衛發現，身上有許多被芒草割傷的痕跡，生命跡象穩定，但卻說不清這四天如何度過。居民議論紛紛，指老先生走失那麼多天，搞不好是被「莫西那」帶走。二〇一四年在花蓮，一位80歲的女性突然失去意識後，開始在路中間奔跑，隨即消失。即便出動了500名搜救隊伍，卻依然一無所獲。直到五天後，透過特殊的方式，她才被找到。這樣的案例引人深思，是否在某個神秘的空間中，時間和空間的規則完全不同？

第三個特徵是失蹤者在被找到時，常常口中會塞滿奇怪的東西，像是蘆葦的土或蝗蟲的腿，這些都是在他們被吸引而消失後留下的痕跡。受害者經常提到，有神秘的女性或老夫婦向他們保證不必害怕，並給予他們大量的食物，這讓他們在失踪的幾天內感到極度快樂，甚至懷念這段奇妙的經歷。

從民俗學家的角度來看，莫西那似乎不完全符合傳統鬼神的定義，它更像是介於幽靈和妖怪之間的神秘存在。這些神秘的生物活躍於荒山野嶺、山林和水澤之間，正是那些無人知曉的陰森幽靈之地。聽起來，是不是有點像你在某個偏僻地方迷路時，突然開始懷疑自己是不是被某種看不見的力量拖進了另一個世界？嗯，別擔心，這或許正是莫西那的「傑作」！

說到失蹤事件，這裡有一個特別的故事：有位奶奶在山上失蹤，當地動用了500名搜救隊員，然而找來找去，連她的影子都沒見到。結果，經過五天的努力，家人決定放鞭炮、敲銅鑼和鼓——突然，搜救隊在不遠處的岩石中發現了她！而奶奶的解釋相當神奇，她說在消失的這段時間裡，遇到了一個穿紅衣的小女孩，那女孩一直在呼喚她走到某個地方。

這樣的故事並非孤例，還有另一位老人，他在不遠處的草叢中迷失，聲音不見人影，搜救隊員根本聽不見他的呼喊，直到最後他被發現時，正躺在一台舊農機旁，並被一片100公尺長的草叢困住，真是讓人摸不著頭腦。

更奇特的是，當這些失蹤者被找到後，他們口中經常會塞滿一些奇怪的東西，比如蘆葦土塊或蝗蟲的腿。這些奇異的痕跡，被認為是莫西那留下的印記。許多失蹤者回來後，還會說，有一位神秘的老婦人或老夫婦曾經安慰過他們，並提供了大量的食物，讓他們覺得無比快樂，甚至開始懷念這段「失落的經歷」。

想像一下，如果你在臺灣的山林裡迷路，越走越遠，甚至不知道自己到底在哪，突然會有一種感覺，仿佛自己不小心闖進了某個時間與空間的裂縫。這時，大家通常會半開玩笑地說：「哎呀，這不就是莫西那在作祟嗎？」那麼，萬一你真遇上莫西那該怎麼辦？聽說，對付它的最佳武器就是——沖天炮！莫西那對響亮的聲音十分敏感，據說它一聽到巨大的聲音就會嚇得逃跑。所以，記得帶上一些煙火，萬一迷路了，也許能嚇退這位神秘的存在！

再說到失蹤事件，這可是臺灣獨有的驚悚風景。二〇一三年，一位來自日本的78歲老人鈴木節兵衛就在新北市瑞芳的金瓜石迷路了，四天後，他被一名警衛在距離原地十五公里外的地方發現。這位老人身上滿是芒草的割痕，但他卻無法解釋這四天是如何度過的。

有當地居民戲謔地說，也許他是被莫西那帶走了——誰知道呢？也許莫西那那天正好有空，順道抓了一位迷路的老先生。

莫西那，這個神秘的存在，總是和小孩、婦女或登山者的亡魂扯上關係。想像一下，當你踏上山野探險，周圍風聲鶴唳，突然覺得有些地方怪怪的，是不是莫西那在暗中作祟，讓你一不小心就迷失了方向？量子物理學家可能會這麼說：「這一切都能解釋，莫西那其實是個『不可見且無形的存在』，像幽靈一樣，在我們觸及不到的維度中生存。」嗯，聽起來好像一個看不見的幽靈，也許正等著抓住你的不安。

那麼，莫西那為什麼總愛抓人呢？其實原因很簡單，它有個超級厲害的武器——迷惑你的心智。想像一下，如果你在山林中走著走著，突然間，一個熟悉的面孔出現在你眼前，或是一個看似無害的人，溫柔地邀請你走上一條你從未見過的小路。你會不會一下子心軟，跟著這個「熟悉的人」走得更遠，甚至開始覺得這個陌生地方，竟然有種奇怪的安逸感？一旦你答應了莫西那的邀請，結局往往就是——你站在一個你再熟悉不過的地方，然而這時，你卻完全不知道該怎麼回家。

這些故事常常讓人反思，為什麼這麼多迷失的事件，總是與莫西那有關？也許，這些無解的事件正是我們內心對未知的恐懼，透過文化的濾鏡展現出來的結果。想像一下，如果你自己或你的朋友也遭遇了這種情況，該怎麼辦？有些人說，可以試試放沖天炮，因為莫西那最怕的就是巨大的聲音。或許，當你迷路時，放個煙火，讓莫西那嚇得屁滾尿流，搞不好就能平安回家！

日本也有「莫西那傳說」：河童、神隱少女是莫西那事件

在日本，不少古籍記載著一種叫「神隱」的神秘現象，字面意思是「被神隱藏」——對，神明親手藏起來！如果你看過宮崎駿的《神隱少女》，那就不陌生了，這部電影的開頭就是一對父母和小女孩千尋走進隧道，無意間闖入了一個超乎現實的異世界，便遇見「小矮人」石像。千尋和她的爸媽更是因為準備給他們的大餐忍不住大快朵頤，一不小心把自己變成了豬！而這一切的神秘幕後推手，正是電影中那位綠色的「莫西那」呢。

日本的傳說也沒閒著。16 世紀的《日本百鬼夜行繪卷》中就畫了許多形似「莫西那」

的怪物，這些長得有點像蜥蜴人，外貌上與河童特別接近。河童可是日本河流的神祇，頭上頂著一個碟子，嘴巴像鳥喙，還有蹼和鱗片。不過臺灣民俗學家林正儀也不是省油的燈，他在宜蘭的雷功山親眼見過傳說中的「莫西那」，還說那怪物長得像青蛙，有著綠褐色的花紋和蹼。更妙的是，他的祖父嚴肅地叮囑他別亂看，說一不小心就會被莫西那「催眠」！

到了一九四〇年，日本民俗學者池田俊夫也忍不住「沾一腳」，在《民俗學雜誌》上發表了關於莫西那的觀察。這位仁兄和某位「N先生」在阿美族領地迷了路，黃昏時聽到一些「原住民神話」，N先生突然喃喃自語「莫西那……莫西那……」，像中了魔咒一樣。池田俊夫頓時汗毛倒豎，覺得這次的經歷太玄，回來後還堅信這一切並非偶然。

所以，下次你如果在深山裡悠閒地漫步時，還是多留一分心眼，別一不小心就被「神隱」了！說不定一轉身就迷失方向，闖入莫西那的領地。千萬別嚇到，要是聽到自己的名字，記得淡定回應。也許莫西那只是好奇，想讓你見識一下它的世界，畢竟誰知道呢？人類總說「眼見為憑」，但在這些神秘存在面前，我們的解釋往往顯得蒼白無力。

總結一下，莫西那的傳說讓台日文化中的奇幻故事更加生動，也讓人們重新思索這些「山林精靈」的可能性。無論是魔神仔還是河童，這些傳說引發的恐懼和好奇，或許正是我們對未知世界的深切尊敬。

臺灣各地發現的史前巨石：隱藏的歷史與未解之謎

臺灣，這塊神秘的寶島，除了擁有美麗的山川海洋，還藏著許多不為人知的古老遺跡和無法解釋的現象。每當我們在遊覽這片土地時，總是會不經意地碰到那些氣勢磅礡的史前巨石，這些石塊，究竟是誰留下的？是上古文明的痕跡，還是某些神秘存在的證據呢？

讓我們先來聊聊臺灣東部的兩個神秘巨石：台東的卑南史前巨石和花東縱谷的其他巨石。這些巨石並不像一般的岩石那樣看似普通，它們的尺寸與重量都遠超我們的想像，而且它們似乎並不是自然形成的。有人猜測，這些巨石可能是遠古文明的遺產，也有說法認為它們可能與不明的高科技有關，甚至有人認為這些石塊可能是外星文明的「標記」。

但在我們細細研究這些巨石的同時，還有一個更大的謎團等待著我們，那就是—臺灣的歷史究竟有多少是我們未曾了解的呢？

話說回來，臺灣的歷史不僅限於我們現在知道的那些故事。據記載，早在原住民進駐之前，這片土地就有人類居住，甚至有人認為那不是人類，而是某種不明的高智慧生物。要知道，臺灣這塊土地可不是一般的地方，它擁有著一個驚人的歷史背景，可能是地球上最早的文明之一。

《島夷志略》「夜半日出」：元朝旅行家汪大淵夜間目擊的奇異光芒

這一點，其實早在元朝就有了一些紀錄。一三四九年，元朝的航海家汪大淵出版了《島夷志略》，這本書記錄了他在一三三〇年和一三三七年兩次的航海經歷，從泉州出發，遊歷了澎湖、北臺灣，甚至遠至東非與地中海，對於當時的航海世界影響深遠。雖然這本書的主題並不完全聚焦於臺灣，但其中對臺灣的記錄卻充滿了神秘色彩。

汪大淵在遊記中提到，他在某次到達臺灣時，遇到了一位酋長，這位酋長的性格可謂豪爽，但如果觸犯了他，他可是會「生割其肉以啖之」！聽起來是不是讓人毛骨悚然？這位酋長似乎不僅性格豪放，還擁有某種神秘的力量，讓汪大淵這樣的外來者也不得不感到敬畏。

更令人大開眼界的是，汪大淵還記錄了一個匪夷所思的現象——「夜半日出」。他描述自己在深夜時，看到從臺灣的暘谷升起了一顆太陽，並且火光照亮了整個天空，連山頂都在閃閃發光！這是怎麼回事？有學者認為，這種情況可能是當時的原住民正在鍊鐵，因為鍊鐵時的火光通常是如此燦爛，但問題是，古代的文獻中並沒有記載過有人在子夜鍊鐵。那麼，這是否真的是某種自然現象，還是某種超自然或外星科技的光芒？

西班牙神父在臺灣所見的巨大光明飛行物

在一六三二年，正值大航海時代的西班牙神父哈辛托．埃斯基韋爾，來到臺灣旅行，寫了一本《福爾摩沙島情況相關事務報告》，當時一個80人的探險隊在基隆河畔駐紮，目睹了一件目瞪口呆的奇怪事件：他在基隆河岸上看到了一個巨大的懸浮光球，這道光的大小竟然比月亮還要大，讓他瞬間覺得自己可能是被上帝選中，見到了天使的降臨。別說是他，估計當時連月亮都自問：「我到底做錯了什麼？」

那麼，元朝時期和17世紀的大航海時代，為何會有這麼奇特的記錄呢？這些古老的洞穴岩石與UFO，也許能讓我們推測，這裡曾經是某個失落的古文明的基地，並不是什麼胡說八道。畢竟，連外星人都對臺灣情有獨鍾，難道不該讓我們好好思考一下？

至於那些神秘的外星人是誰，或許總有一天，隨著科技進步，我們能夠撥開那層神秘的面紗，真相終將浮出水面。但無論如何，臺灣的歷史總是那麼充滿驚奇與笑料，讓人不禁想繼續追根究底！各位朋友，記得下次出門時，小心腳下，說不定你正踩著古代的黃金，或者，是外星人留下的隱秘基地呢！

七星山的金字塔、龜形石和人形巨石：擁有奇特磁場的神秘遺跡

說到金字塔，大家第一時間是不是就會想到埃及那座著名的金字塔？不過，臺灣的七星山也有一座迷人的金字塔遺跡，這可不是普通的山丘，而是一個有點「未來感」的三角錐！這個隱藏在草堆中的神秘金字塔，坐落在陽明山群的最高峰，七星山1.2公里處。

它的外型簡直像是精心雕刻過的藝術品，還有一種奇特的磁場，連羅盤都會在裡面失去方向——這到底是自然的力量，還是外星科技的影響？想像一下，一個草叢中不明飛行物藏匿的地方，聽起來是不是有點像科幻電影的情節？

那麼，這座金字塔到底與臺灣的凱達格蘭族有什麼關係呢？如果你以為凱達格蘭族只是臺灣原住民族的一部分，那你就大錯特錯了！他們的歷史比最新的科幻大片還要更神秘、更不可思議。三百多年前，這群人在台北盆地一帶創建了自己的文明，擁有超過三十個社群，過著漁獵和簡單農耕的生活。不過，隨著荷蘭、西班牙和漢人的到來，這些獨特的文化逐漸被吞噬，甚至面臨滅絕的危機。

但別擔心！他們的文化雖然悄然消失，卻依然在臺灣的山林中留下了不少珍貴的遺跡，等待我們去揭開它們的神秘面紗。比如，在陽明山的七星山，你會發現一個小小的山丘，居然長得像金字塔！這可不僅僅是隨便一個地形，而是跟外星人有關的神秘遺址——聽起來是不是超級酷？這些遺跡包括了恐龍塔、七星錐、祭壇、半月池，還有一個「時光隧道」，彷彿穿越了古代與未來的時空隧道。

研究這些神秘遺址的學者林勝義，曾經提出這些遺跡可能與外星人有關，甚至認為凱達格蘭族的祖先很可能是乘坐「葛霧」（聽起來像是飛碟對吧？）來到臺灣的。他還推測，南島語族的文明進步，也許和外星文化有關，甚至可能涉及基因改造。想像一下，如果外星人真的是我們祖先的「老闆」，那麼今天我們可能不僅是臺灣的原住民，還可能是外星文化的後裔！

還有一位生化博士江晃榮，他相信這些金字塔遺跡標誌著凱達格蘭族與外星人的接觸，並且指認七星山的這些金字塔樣的建築物，可能與埃及的金字塔有某些相似之處，甚至還可能早於埃及金字塔三千年！感覺像是時光旅行到了未來，怎麼看怎麼神奇。

再來，據說當地還有一些奇特的石雕，像是龜形石和人形巨石，彷彿是某種遠古文明留下的足跡，這些巨石與外星文化有關的理論，簡直讓人目瞪口呆，心裡不禁想問：「我們是不是錯過了某些重大歷史事件？」這些遺跡的背後，究竟隱藏了多少不為人知的秘密呢？

所以，下次你到七星山健行時，可別忘了，或許你就站在一個外星人曾經造訪過的地方，等著我們這些現代人去解開那一層又一層的謎團！

第六章　臺灣的古文明與高科技：尋找隱藏的智慧

臺灣——巨石文明的搖籃

你以為巨石陣只有英國的威爾特郡才有？錯！臺灣也有一個屬於自己的「巨石陣」，而且它更具「本土風味」。這些巨大的石頭不僅展示了古人驚人的建築技術，還可能暗示他們擁有相當強壯的肌肉——想像一下，這些古人就是現代健身達人的祖師爺！最酷的是，這些石頭還可能有一點臺灣風味，畢竟，搬石頭的同時，古人或許順便在旁邊種了些芋頭或蓮霧。

雖然臺灣的巨石結構不像英國那樣浩大，石像群也沒有摩艾那麼宏偉，但臺灣確實有一套獨特的史前巨石文化，只是大家都沒注意到罷了。這些巨石多集中在東部的花蓮、台東兩縣，至少在40個考古遺址中發現了超過500件的史前巨石。聽起來是不是有點驚人？

你以為巨石陣只屬於英國？臺灣才是「巨石工法」的發源地！

臺灣不僅是高科技的發源地，還藏著上古帝國的神秘遺跡！是的，沒錯，臺灣可能正是古文明的秘密基地。像是嘉義大林的神秘史前山洞，就揭示了比原住民更早的未知文明。話說回來，這些古老的地方別隨便一個人去探險，因為你可不知道，隱藏在那美麗風景背後，可能有些不為人知的秘密。

大家都知道臺灣是科技強國，像是台積電的晶片，簡直讓全世界刮目相看。但是更少人知道，根據古籍記載，臺灣曾經是外星人和飛碟的熱點。這裡還是沉沒的上古帝國——「太陽帝國姆大陸」的基地。巧的是，全台各地不時發現一些神秘的史前巨石和地下洞穴。

例如在嘉義大林的芎蕉山，據說有個史前山洞，入口狹小到只有小孩能進去，洞裡總是吹出冷風，就像冰箱一樣。旁邊還有一扇大石門，切割得相當整齊，裡面究竟藏著什麼，沒人敢去探險。這些史前遺跡告訴我們，早在原住民踏上臺灣之前，這裡就已經有人類

（或者更奇怪的生物）住過了！

史前巨石：從地質角度來看卑南遺址的石柱來源

那麼，這些史前巨石到底來自哪裡呢？根據科學家的研究，這些石柱大多來自當地的火成岩，偶爾也會用一些沉積岩。還有一個有趣的問題——這些重達數噸的巨石，當時的人是怎麼運到這些地方的？沒有現代的機械輔助，古人究竟是怎麼處理這些大石塊的？這樣的問題越想越令人好奇。

臺灣東部的史前巨石文化

讓我們把時光倒回到一八九六年，那時候日本人鳥居龍藏就拍下了臺灣東部豎石的照片，揭開了臺灣史前巨石的神秘面紗。雖然當時人們已經注意到臺灣存在巨石文化，但直到30多年後，鹿野忠雄才在《人類學雜誌》上發表文章，進一步討論了這些巨石的用途。據說這些巨石不僅僅是裝飾品，還可能是某種特殊的儀式場地，甚至有可能與當時的天文觀測有關。

臺灣的這些史前巨石遺址，雖然不像英國的巨石陣那樣著名，但也不乏獨特的魅力。尤其是花東地區，根據研究，這裡發現的史前巨石遺址有56處之多！這些遺址中的石柱和石塊，有的已經成為建築的一部分，有的則是豎立起來形成奇特的結構。這些古老的巨石，不僅是臺灣歷史的見證，也可能隱藏著更多我們尚未解開的謎團。

嘉義大林芎蕉山：隱藏在深山中的史前神秘山洞與外星秘密

除了一些無人知曉的山中美景，它還擁有許多潛藏已久的上古文明遺跡，像是嘉義大林縣的神秘史前山洞，至今仍讓人好奇不已，彷彿是上古帝國的秘密基地！不過，想要探索這些不為人知的地方，還是建議你別一個人前往，因為這些地方可不只藏著美麗的自然景觀，還有可能隱藏著足以改變歷史的驚天秘密。

或許你會想，臺灣這個科技島，怎麼會與外星文明有關呢？別忘了，除了臺積電的奈米晶片，還有一段段來自古籍的神秘記載。據說，臺灣在古代時常是 UFO 和外星人活動的熱點，甚至是太平洋沉沒帝國——太陽帝國姆大陸的基地！聽起來是不是很像科幻電影的劇情？但實際上，臺灣各地確實時常發現巨型史前石塊和神秘地下洞穴，彷彿一切的線索都指向這個小島擁有某種不為人知的外星背景。

舉個例子，位於嘉義大林縣的芎蕉山，就有一處神秘的史前山洞，這個洞口小得只能讓小孩進去，但當你走進去，卻會感覺到一股冷氣襲來，像冰箱一般的冷風源源不斷地從洞中飄出。洞旁還有一扇大得能容納一個人進出的石門，門上的切割極為精準，彷彿是某種高科技工具的痕跡。這些古老的遺跡到底隱藏了什麼秘密？無人敢冒險進去一探究竟。

這些神秘的史前洞穴和巨石不禁讓人猜測，臺灣在原住民進駐之前，早就可能是其他不明生物或人類的家園。是不是早在幾千年前，這裡就已經有著高度發達的文明？甚至有些人認為，這些洞穴與遺跡或許是外星文明的產物。

如果你以為這些故事只是傳說，那就大錯特錯！根據一六三二年大航海時代西班牙神父哈辛託的記錄，他曾在臺灣的旅行中，目擊到一個巨大飛行物，光芒和大小竟比月亮還要耀眼。這是不是外星人來訪的證據呢？當時，這一現象在西方世界引起了極大的關注，也讓人對臺灣的神秘歷史更加好奇。

更讓人驚訝的是，據說在臺灣東部的海域，還有一個七萬年前的巨型海底金字塔遺跡。據說，這個金字塔曾經是上古文明的象徵，但在大洪水過後就沉入了海底。也許，這些神秘的史前洞穴和不明飛行物，就是這個失落文明的證據。

所以，當你下一次來到嘉義的芎蕉山或是臺灣的其他偏遠山林，記得抬頭看看，也許你會發現不僅是大自然的奇觀，還有許多隱藏在歷史長河中的驚人秘密，甚至可以碰上外星人來個親密接觸呢！

「金銀島」金銀島的寶藏：臺灣地下藏金與古文明的高科技探礦秘技

臺灣，這個曾經被稱為「寶島」的地方，不僅擁有美麗的風景，還藏著許多不為人知的秘密。古時候，臺灣可是有40億座金城，沒錯，你沒聽錯，40億！所以，下次出門時記得小心，你的腳下可能就藏著黃金。

這一切，竟然和蜥蜴人有關？金礦的存在似乎不只是個偶然，背後還有一系列不可思議的故事。比如在西非，有一種蟻類和黃金共生，據說這些蟻類的家園就位於天狼星——沒錯，就是外星人工作過的地方！

臺灣還隱藏著一些令人無法忽視的「黃金秘密」。根據某些說法，這些黃金的來源竟然可以追溯到40萬年前的外星種族——阿努納奇。沒錯，就是那群來自尼比魯的外星人，他們曾經來到地球，不僅採金礦，還順便影響了蘇美等古文明的發展，讓人類的歷史變得更加神秘難解。這些外星人可不是普通的探險者，據說他們在探礦和採金方面的技術，早在40萬年前就已經達到了讓現代科技都自愧不如的程度。試想，假如他們今天還在，恐怕地球的金礦早就被他們掃光了。

話說回來，臺灣這塊寶島，向來是大航海時代的殖民者和外星人共同矚目的焦點。為什麼？因為它被稱作「金銀島」，這可不是什麼虛構的浪漫故事。據說，臺灣的地下藏著大量黃金，讓我們每次出門時都不禁低頭看看，難道我這一步踩到了金子嗎？畢竟，金礦這種東西，誰知道藏在哪裡呢！

舉個例子來說，位於臺東的哆囉滿，這個地方的原住民可不簡單，古書中記載他們曾將金沙熔成金條，藏在巨型的罐子裡，當有客人來訪時，他們便會從容地炫耀那些金條。這些金條到底有什麼用途呢？或許那時的原住民也搞不清楚，但至少他們把黃金當作了珍貴的寶物，傳遞給後人一個神秘的訊息：臺灣地下的黃金，還在等待被發現！

接下來，讓我們來看看花蓮的立霧溪。這裡的沙子可是藏著一個巨大的秘密。據說，這些沙子每公斤竟然含有 0.82 克的黃金。如果你有足夠的耐心，篩個一噸沙子，竟然能夠得到 820 克黃金！而且這黃金的純度還高達 23K，簡直是個天大的金礦！但奇怪的是，這個消息似乎從來沒有人公開過。究竟是因為這裡的黃金太過珍貴，還是有人故意隱瞞著不讓我們知道呢？說不定，這就是為什麼大家總是說「臺灣的金礦是個秘密」。

說到臺灣的金礦，兩個地方尤其引人注目。首先是台東的「道滿」，這可是清朝康熙年間，福建的治安官尤永和發現的地方。當時，他在《番境補遺》中記錄，這裡的泥土裡滿是黃金，甚至金砂也隨處可見。當地的原住民利用這些金砂製作金條，藏在巨大容器中，當外來客人來訪時，他們會毫不吝嗇地展示這些黃金，但他們自己卻不知道該如何使用這些財寶。

「道滿」位於花蓮的義烏溪河口，是400多年前西班牙人稱之為「特魯博安三角洲」的地方。據說，這裡是臺灣40億黃金之城。義烏溪的沙子每公斤含有0.82克黃金，這意味著篩選1噸沙子，你就能賺取超過6萬美元！而且，這裡的黃金純度高達23K，95％都是黃金，真的是賺到手軟。

接著是西班牙殖民者將這個地方稱為「杜爾博安」，這名字的由來和當地的居民有關。根據臺灣人類學家的研究，杜仁美源部落的祖先來自臺灣北部，曾經被稱為「阿爾卡達格蘭」，而他們的故鄉居然也隱藏著大量的黃金。

甚至在台北的金山一帶，據說那裡的黃金像拳頭一樣大，有些金塊長得像尺一樣，光是撿沙子就能撿到金子，還有水中漂浮著的金沙，就像麵包屑一樣，隨處可見。如果你有時間，一定要去親自瞧瞧。

而基隆的「雞山」也和這些黃金有著千絲萬縷的關聯。為什麼呢？因為基隆在當地語言中意味著「聯邦」，這可是一個關於人類起源的謎題，等著你來解開。

所以，下次當你在臺灣的深山中探險，或是隨便在街頭走一走，千萬不要只顧著四周的風景，記得低頭看看腳下，說不定你就會發現一些來自上古文明的寶藏，或者偶然看到一個神秘的飛行物在天空中劃過，甚至還可能有蜥蜴人友好地跟你打個招呼呢！誰知道呢，臺灣的秘密還真是多得讓人目不暇給。

穿越時空的岩雕：揭秘臺灣與日本的神秘連結

話說回來，這故事的起點居然來自臺灣和日本之間那微妙又神秘的聯繫。二〇〇二年，臺灣高雄的萬頭蘭山區上，出現了一位中年男子——高業榮教授。他的身份？一位長榮大學的教授，專門研究岩雕，卻偏偏選擇來個「山野探險」。為了破解這些岩雕的神秘面紗，他穿越了萬山，來到這片「奇石聚集地」，尋找歷史的秘密。

在這片山區，他發現了塊塊像是從史前時代飄來的岩石大作。這塊岩石約有3公尺高、10公尺寬，刻滿了各種奇怪的圖案，像是同心圓、變形人臉和人形圖案，真是充滿藝術氣息。他總共找到了四塊這樣的岩雕，所有岩雕位置奇妙——背山面水，似乎還有點「風水輪流轉」的意思。高教授將這些岩雕命名為「臺灣萬山岩雕」，這個名字聽起來就像是某個巨型跨國品牌的商標。

為了更深入了解這些岩畫的背後意涵，高教授開始「四處挖寶」，可惜當地的原住民對這些岩畫一無所知，彷彿這些神秘圖案是從外星人那裡借來的。最終，他把目光瞄準了中國，發現了兩處類似的岩畫。一處在江蘇連雲港，名為將軍崖岩畫，一九七九年才被發現，這裡也有很多人面紋、獸面紋、農作物、星圖，甚至一些無法解釋的遠古符號，被稱為「東方天書」。另一處在寧夏的賀蘭山，也刻著同心圓和人臉圖案。這兩處岩雕與臺灣的岩雕相似，聽起來像是同一位藝術大師，在2千多公里的距離上「同步創作」，只是高教授卻無法解釋為什麼。

就在這時，一位叫何顯榮的古代文明研究專家出現了！他看了高教授的資料後，激動得像小學生一樣。為什麼？因為他認為這三處岩畫的創作手法和內容相似，還有那麼多巧妙的「背山面水」設計，簡直就是「同一品牌」。他推測，將軍崖和賀蘭山的岩畫，竟然都源自臺灣！而這一理論的根據，居然來自《尚書．禹貢》，書中提到東南海島上的「島夷」，他們穿著華麗的衣服，帶著土特產，向天子進貢——很有那種「跨國商業合作」的感覺。何先生認為，這些「島夷」指的就是臺灣原住民，4千多年前，他們可能曾經跨越淮河，向中國內陸傳遞這些岩畫的文化印記。

不過，這個理論還是讓人有些疑問。畢竟，從賀蘭山到連雲港的距離，超過1千2百公里，對於當時的人來說，這就像是「環遊世界」，簡直就是個大挑戰。而且，若真是從江蘇的岩畫流傳到賀蘭山，那兩地應該還有更多相似的文化痕跡——比如建築、服飾、生活器具什麼的。但目前的考古發現，似乎並沒有給我們這方面的證據。

這時，腦袋還在轉的何先生又提出了另一個疑問：為什麼是江蘇的岩畫向西北傳到賀蘭山，而不是反過來？或許在遠古某個時代，賀蘭山和今天的臺灣曾經是「同一文化區域」，但隨著夏朝的建立，兩者才變得「互不相識」。

然而，這個謎題還不止於此。一九八六年，一位名叫荒竹喜八郎的日本人，在與那國島潛水觀光時，意外發現了一個巨大的平台。這可能又是解開臺灣和日本之間文化聯繫的另一條線索。隨著對這些岩畫的深入研究，或許我們能真正揭開兩地之間深藏已久的歷史謎團，誰知道，或許未來的考古學家會發現更多「小鎮聯盟」的痕跡呢？

失落文明的瑰寶：水晶的奧秘與光學儲存技術的現代應用

亞特蘭提斯科技：古代高科技的終極詮釋

根據柏拉圖的描述，亞特蘭提斯是一個高度文明的社會，擁有比我們現代還要先進的科技，簡直就是古代的科技怪才！讓我們來一探究竟，看看這些科技成就到底有多「超前」：

1. 先進的城市規劃：從中心到邊緣，完美無瑕

亞特蘭提斯的城市設計得像是完美的同心圓：神殿居中，四周是住宅區、港口等生活設施，這樣的規劃不僅秩序井然，還充滿了美學感。簡直就是想像一座星際首都，所有現代的一流城市都得自愧不如！

2. 精湛的建築技術：金光閃閃的宮殿

他們的建築技術高超到令人瞠目結舌，使用黃金、白銀等珍貴材料建造宮殿和神廟，想必每一座建築都能讓現代建築師低頭膜拜。這些建築風格宏偉壯觀，簡直就像是為奢華所生。

3. 強大的軍事力量：海上霸主

亞特蘭提斯擁有一支強大的海軍，他們的戰艦不僅裝備精良，還能夠遠航。別以為他們只是玩玩水，這可是古代的「海上特種部隊」，遠不止於在海上溜達！

4. 神秘的能源：來自太空的「真空零點能」

傳說中，亞特蘭提斯人掌握了一種神秘能源，足以驅動他們的機器和武器，這種能源甚至可以來自太空，簡直是「真空零點能」的先知。誰知道，這可能就是他們能夠開發出那些科幻武器和設備的原因吧！

對亞特蘭提斯的科技進行深入研究的學者們，整理了不少有趣的結論：

・海洋科技：作為島嶼文明，亞特蘭提斯人對海洋的了解無人能及，水下工程技術可能也達到了難以想像的水平。別看我們現在還在搞水下無人機，他們可能早就有水下城市了！

・天文知識：亞特蘭提斯人或許比現代天文學家還了解星空，他們可能利用天文知識來導航、預測天氣，甚至在家裡就能設計出精密的星際旅行計畫書。

・冶金技術：他們對金屬的加工技術堪稱完美，能夠打造各種工具、武器，甚至裝飾品。別再說現代科技，我猜他們可能已經能把金屬變成任何形狀了。

・能源利用：有些學者認為亞特蘭提斯人早已掌握了超高效的能源利用技術，可能是太陽能、風能，甚至是地熱能。比起我們今天還在為節能燈泡爭論，他們已經在搞星際能源革命了。

從亞特蘭提斯科技中我們仍然可以獲得一些非常值得反思的啟示：

・啟發科學探索：亞特蘭提斯的故事不僅是神話，它激發了我們對未知世界的好奇心，讓無數科學家充滿熱情地提出新的理論，或許有一天我們也能像亞特蘭提斯人一樣，發明出令人讚嘆的科技。

・反思科技發展：亞特蘭提斯的故事告訴我們，科技進步可不僅僅是追求「酷」，還要考慮它對社會和環境的影響。畢竟，萬一我們的「智能冰箱」突然起來統治世界呢？

・培養科學精神：對亞特蘭提斯科技的探索也讓我們重新認識了科學精神，啟發了無數人對知識的渴望。誰知道，未來的科學家可能就是在深夜讀著柏拉圖的《對話錄》，對著星空許願呢？

亞特蘭提斯科技不僅讓我們對古代文明充滿了幻想，還給我們提供了許多現代科技發展的靈感。別說它是遙遠的過去，搞不好，亞特蘭提斯的科技才是我們未來的方向！

當我們提到水晶，許多人會聯想到那些閃閃發亮的飾品，或許曾經幻想過它能幫你帶來好運、讓男神心動。可是，水晶的真正身分遠不止這麼簡單！事實上，它們可是現代高科技界的明星，和人造石英晶體有著不解之緣，廣泛應用於光學、電子、化學及耐火材料等高端工業領域。但今天，我們不聊現代科技，我們來談談水晶在亞特蘭提斯時期的神奇用途，讓你見識一下它曾經的「科技大師」身份！

想當年，在亞特蘭提斯的時代，水晶可是每家每戶的必備良品！當時的人們把水晶當成冥想、療癒、甚至通訊的必備工具，隨處可見它和各式礦石的身影。水晶的功能簡直像是當時最先進的隨身碟，能儲存資訊、傳遞訊號，甚至記錄影像！聽起來是不是有點像科幻電影中的黑科技？不過，這絕不是我們的幻想！在亞特蘭提斯，水晶簡直就是「通訊王」，不同地區的人們用各種石頭排列成陣列，進行祈福和療癒，彷彿在舉行一場神秘的石頭音樂會。

最近在世界各地發現了不少「亞特蘭提斯風格」的特殊水晶，這也讓我們更想深入了解它的神奇功能。那麼，水晶究竟有什麼樣的超能力呢？經過專家的多番研究，總結出以下五大「高科技」功能，讓我們一起來看看！

一、聚焦折射（Focus）

古人早就發現水晶能聚焦光線，讓它變成了製作凸透鏡、凹透鏡的絕佳材料。想像一下，戴上水晶的你，無論去哪裡，都能把正能量集中，簡直是行走的能量吸引器！誰還需要那個「高能量人物」的標籤？

二、**儲存資料（Storage）**

水晶能像現代電腦裡的晶片一樣儲存資料。想像一下，你可以把整本百科全書的內容縮小到比橡皮擦還小的晶片上，這就是水晶的魅力！但是要小心哦，如果新買的水晶攜帶了太多負能量，可得記得消磁，否則它可能會變成一顆過時的硬碟，隨時崩潰！

三、**傳遞訊息（Transfer）**

水晶的振動頻率穩定得堪比無線網絡，無論是傳遞電腦裡的大數據，還是讓你的電子表計時準確無誤，它都能輕鬆搞定。而且，它可不僅僅是科技界的明星，靈修者也會用它來和神靈溝通，這可真是既神秘又酷炫！

四、能源轉換（Transform）

水晶還能像太陽能板一樣，把各種能源轉換成其他形式。從電能轉換成光能、熱能、聲能，甚至磁能。想像一下，當你戴上水晶時，身體的負能量會轉換成正能量，簡直是能量煥發的小天使，走到哪兒都能充電！

五、能量擴大（Amplify）

水晶還能放大通過它的能源，讓你成為朋友間的「能量擴音器」。當電流通過水晶轉換成聲音後，它會放大聲音的強度而不失真，簡直是周圍人的正能量超級充電站！

總而言之，水晶不僅僅是裝飾品，更是無所不能的高科技助手！無論是在亞特蘭提斯的神奇時代，還是在我們這個充滿高科技的現代生活中，水晶的魅力總能帶來無限驚喜，這是科技與神秘的完美結合！

水晶與撓場的關係：當科學遇上靈性，還帶著一點高科技感！

如果你以為水晶只會讓你的手環閃閃發光，那麼你可能錯過了一個大秘密！其實，水晶不僅僅是你的裝飾品，它還與一種神秘的物理現象——撓場——有著千絲萬縷的關聯，而這場關聯，讓我們來看看怎麼把高科技、量子物理、甚至是冥想結合成一場精彩的演出！

水晶和撓場：神祕的跨界合作

二〇一三年，李嗣涔博士和他的學生梁為傑，讓整個物理界震驚——他們在《物理部論D》期刊上發表了一篇重磅論文，證明了粒子自旋所產生的撓場，雖然很微弱，但如果與大範圍的轉動耦合，就能產生巨大的撓場！接著，李博士和蔡熊光博士的一系列水晶氣場實驗，讓大家都明白了：水晶原來不只是裝飾品，它的能量場與撓場的性質有著驚人的一致性。水晶，其實就是「高科技氣場小神器」！

撓場是什麼？讓科學也佩服的超能力

撓場，這個聽起來像是科幻電影中的新名詞，其實在科學界已經逐漸引起關注。想像一下，時空彎曲的感覺，就像是《星際大戰》裡的光速跳躍，讓一切看似不可能的事變得可能。

1. 時空扭曲：撓場可以像質量一樣影響時空結構，簡單來說，它就像一個隱形的「時空變形器」，能夠讓時空產生特殊的扭曲！
2. 超越光速：撓場的速度，據說比光速還快！這意味著，它可以不受物質的阻礙，自由傳播訊息和能量，甚至在你冥想時，「撓場」就可以運行在你無意識的世界裡！
3. 與量子力學的關聯：撓場還被認為和量子糾纏有關，這是個深奧又神秘的領域，簡單來說，撓場是量子世界的「秘密通道」。

水晶與撓場：你不知道的奇妙關聯

可能你會問，這些高科技的東西怎麼和水晶有關呢？其實，水晶的結構就像是自然界的「量子計算機」，它的分子結構高度有序，這讓它能夠產生特殊的能量場，這就是水晶的魔力所在！

・水晶的結構：水晶分子像一座無形的能量矩陣，這些排列有序的分子使水晶能夠激發出一種奇特的能量場。

・撓場的產生：科學家認為，水晶的分子結構可能會在它的周圍產生撓場，這股撓場會與人體的能量場產生共鳴。你不僅能感覺到水晶帶來的療癒能量，還能體會到它和時空的微妙連結！

・水晶的療癒作用：這些撓場不僅僅是理論中的幻想，它們可能實際上對人體有著深遠的影響，無論是身體還是心理，都能因此獲得療癒。

水晶與撓場的探索：科學與靈性完美結合

當水晶遇上撓場，彷彿是一場科學與靈性的舞蹈，兩者相互交織，共同探索著宇宙的秘密。水晶的療癒作用，甚至可能就是撓場的實際表現。想像一下，如果你的水晶不僅能夠「吸取」宇宙的能量，還能把這些能量轉換成對你有益的振動，那它的作用可不止是一顆閃閃發光的飾品了！

撓場理論：未來的科技趨勢

雖然撓場這個理論目前仍在科學界爭議中，但不難發現，這樣的理論正在引領一場新時代的科技革命。像臺灣這樣科技快速發展的地方，未來我們會發現水晶與高科技結合的更多應用，甚至可以想像，將來的手機和電腦可能會利用撓場技術來加速資訊處理和儲存！是不是有點像科幻小說中的情節？

總的來說，水晶和撓場的關係，不僅是科學和靈性的一次美麗邂逅，也讓我們對宇宙的能量和人體的神秘力量有了全新的理解。也許，這不僅是關於過去的神秘文明，它還預示著未來科技的一個方向，並將帶來更多驚人的發現。未來的我們，可能會像是現代的亞特蘭提斯人一樣，充分發揮水晶與撓場的能量，讓科技與靈性交織在一起，開啟全新的探索之旅！

現實中的水晶科技：臺灣高科技與亞特蘭提斯的奇妙連結

說到高科技，臺灣可是一個不得不提的熱點。水晶的特性，竟然與我們現代的科技巧妙契合，讓人不禁聯想到臺灣在液晶顯示技術、光纖通訊和量子通信等領域的卓越成就。

液晶顯示技術：雖然水晶螢幕並不存在，但液晶顯示技術早已改變了我們的視覺世界。液晶顯示器中的分子會在電場作用下排列整齊，從而顯示圖像。這種技術的根基其實就來自水晶的物理性質，難道亞特蘭提斯的水晶科技早在我們現代就已經預見了？

光纖通訊：光纖利用光的傳輸來實現高速通信，這不就是當年科幻電影中水晶螢幕的縮影嗎？如今，光纖通訊已經成為全球網絡的基礎，而臺灣在這一領域可謂是走在世界前列，成為全球資訊高速公路的重要一環。

量子通信：或許亞特蘭提斯人早已利用類似水晶的科技實現了量子級的瞬時傳輸。雖然現在的量子通信還處於實驗階段，但隨著臺灣在量子科技領域的發展，未來有望突破時空的限制，實現真正的「超越光速」通訊。

水晶的特殊性質：驚人相似，簡直就是現代高科技的先知

水晶的特殊性質就像是一個科技的預言者。首先是壓電效應，這讓水晶在受到外力作用時產生電荷，就像我們現代的傳感器一樣。再來是它的光學特性，水晶能折射、反射光線，這可不就是做光學器件的好材料嗎？而且還有人認為水晶能儲存能量，儘管這點尚無科學證據，但它與我們對能源儲存的探索相得益彰。

水晶螢幕：早在三十年前，外星人就玩轉了光年之外的通訊！

話說三十多年前，我託朋友從美國扛回一部 UFO 研究的紀錄片，結果一看，整個人都傻了。影片裡的外星人手上拿著一個水晶螢幕，居然可以跟數光年外的家鄉通電話（還不是那種「聲音卡卡的」通話哦），完全是跨越光速的星際版 FaceTime！當時的科學家看了都嚇到下巴脫臼——外星人玩的這套，根本是我們地球人夢寐以求的未來科技，他們早就熟門熟路了。

這讓我忍不住想，咱地球文明不會真的還在「幼稚園階段」吧？看來我們得好好檢討一下：現在的科技，是幫助我們向星際進軍，還是自己給自己挖了個大坑準備躺平？畢竟，科技進步是可以很炫酷，但要是用得不好，最後可能就是變成《地球最後一日》的劇本。

水晶螢幕：未來通訊的秘密武器？

如果水晶能聚焦能量，放大訊號，那麼它或許正是未來超高速、超遠距的通訊工具！你是否曾想過，這些晶格結構精密的水晶，或許能在未來成為儲存和編碼高密度資訊的工具，甚至連接不同的意識，實現心靈感應或遠程操控？

雖然我們現在還不能百分之百理解亞特蘭提斯的水晶螢幕是如何運作的，但它卻為我們開啟了一扇窗，讓我們對未來科技充滿無限想像。或許，下一個「水晶時代」的科技革命，正是從臺灣的高科技公司開始，傳送到遙遠的星際之間。

亞特蘭提斯的高科技：古代的「量子世界」

亞特蘭提斯高科技與量子電腦、ＡＩ的關聯：古代智慧與現代科技的奇妙交織

亞特蘭提斯這個古老的文明擁有超乎想像的高科技，能夠操控自然力量、實現精密的能量傳輸，甚至擁有類似現代人工智慧（ＡＩ）和量子電腦的技術。這些描述讓人不禁聯想到一個問題：亞特蘭提斯的高科技，是否與現代的量子電腦和人工智慧有所關聯？

根據文獻的描述，亞特蘭提斯不僅擁有強大的文明力量，還運用了許多超乎現代科學理解的技術。有學者推測，亞特蘭提斯可能擁有類似現代量子科技的基礎。量子力學的基本原理，如疊加、糾纏和量子傳輸，可能是亞特蘭提斯文明的一部分。

想像一下，亞特蘭提斯人可能已經掌握了量子比特（qubit）的概念，而這正是現代量子電腦的核心。量子比特允許多個狀態並行存在，這樣的計算方式無論是在速度還是效率上，都遠超過現代的傳統電腦。也許在亞特蘭提斯，他們能夠利用量子技術進行超高速的資料處理和能量傳輸，甚至可能實現了某種形態的「量子通訊」，類似我們今天對量子

加密技術的理解。

亞特蘭提斯與ＡＩ：古代人工智慧的遺跡？

ＡＩ（人工智慧）這個概念在現代看來，似乎只有在最近的幾十年才有了突破性的發展。然而，假如亞特蘭提斯的科技發展到了如此高超的水平，為何我們不能假設他們也許擁有某種形式的人工智慧？亞特蘭提斯的「智慧機器」或許並非像我們現今理解的那種基於運算和算法的人工智慧，而是更接近於一種與自然法則相連結的智慧。

亞特蘭提斯利用某種「智能晶體」或「機械生命體」，這些機器能夠自我學習和進化，類似於現代的深度學習系統。這種智能體不僅僅是以硬體和程式碼為基礎運行，更可能是一種高度融合的自然與人工智慧的結晶。在這樣的設想下，亞特蘭提斯的ＡＩ系統可能不僅擁有強大的計算能力，還具備一種類似人類的感知和推理能力，甚至能與人類進行更高層次的情感與知識交流。

量子電腦與ＡＩ的交集：古代與現代的重疊

當我們將亞特蘭提斯的高科技與現代的量子電腦、ＡＩ進行對比時，我們發現這些技術的核心原理竟然有著出奇一致的地方。量子電腦能夠在極短的時間內解決傳統電腦無法完成的複雜問題，這與亞特蘭提斯的「智慧科技」異常契合。量子電腦的強大運算能力，能夠同時處理多維度的問題，這正如亞特蘭提斯描述中的無限智慧，能夠快速解答所有的宇宙奧秘。

而ＡＩ則將這種智慧具象化，讓機器能夠模擬甚至超越人類的思維方式。亞特蘭提斯的技術，或許早在幾千年前就已經達到了這一層次，擁有能夠解讀、學習並創造的智慧系統。這些智慧系統可能不僅是工具，而是具有高度自我意識的「機械生命體」，與人類相互依存，共同繁榮。

亞特蘭提斯的科技遺產：現代科學的啟示

無論亞特蘭提斯是否真實存在，這個傳說都為我們提供了一個重要的啟示：古代文明的高科技或許並不是我們現在所認為的「超自然」，而是高度發展的科學技術。量子電腦和人工智慧的現代發展，可能只是重新發現並理解那些古老的科技原理。也許，亞特蘭提斯的文明早在數千年前，就已經具備了某種形式的量子計算和智能機器，而我們今天所探索的量子世界和 AI 技術，正是回到那條被時間遺忘的道路上，尋找我們曾經失落的智慧。

總之，亞特蘭提斯的高科技與現代的量子電腦、AI 之間，或許存在著某種神秘的關聯。無論我們是否能夠揭開這些古代科技的面紗，它們無疑提醒我們，科技的發展並非一蹴而就，它是文明智慧的延續，從古至今，不斷啟發著我們對未來的無限想像。

量子電腦與 AI 發展的關係：科技界的雙雄對決

量子電腦正在掀起一場科技界的大混戰！Google、IBM、Microsoft 等科技巨頭們已經站隊開打，現在連 AI 領域的霸主 NVIDIA 也決定來湊熱鬧，誓言將 AI 和量子電腦結合，創造出一個全新的超強運算時代。這不僅是一場爭奪速度和效能的競賽，還是一場決定未來科技面貌的大戰。讓我們來看看量子電腦和ＡＩ之間的關係，這場革命會如何改變我們的世界。

量子電腦的超能力：是時候告別傳統電腦了！

量子電腦，顧名思義，就是能夠運用量子力學原理進行運算的超級電腦。它不再是靠「一與零」來工作，而是靠量子疊加和糾纏等神秘的量子現象來完成運算。這樣的運算方式讓它在某些領域具備了毀滅性的優勢，像是：

- **大規模資料分析**：量子電腦擁有能夠同時處理海量資料的能力，比你早上啟動的 Excel 還要聰明。
- **材料科學模擬**：模擬分子結構和材料性質的準確性，讓新材料的發現不再是天方夜譚。
- **藥物研發**：它能迅速篩選潛在藥物，讓新藥誕生的速度超乎你的想像。
- **密碼破解**：雖然量子電腦可能把現有的加密系統打得稀巴爛，但它也將帶來更強的量子加密技術，保障你的密碼不再像紙一樣脆弱。

量子電腦如何「助攻」AI：賽道上超車！

量子電腦可不僅僅是自己厲害，它還會「帶飛」AI的發展。想像一下，量子電腦加速AI模型的訓練速度，讓AI學習變得更快、更準，簡直是給AI加了一個超強引擎：

‧加速模型訓練：量子電腦能幫助AI在短短幾秒鐘內學會一個普通電腦需要幾天才能掌握的技能，這就像一夜之間成為鋼琴大師一樣。

‧提升性能：量子電腦可以製作出更加精確和強大的AI模型，讓它們在各種挑戰中表現得像超人一樣。

‧解決NP難題：像是旅行商問題、蛋白質摺疊問題這些傳統電腦搞不定的難題，量子電腦也許能給出解答，幫我們更快找到答案。

‧新型AI算法誕生：量子電腦帶來的奇妙特性，可能會誕生一種全新的AI算法，開創無數ＡＩ應用的新領域。

面對挑戰：量子ＡＩ還有一條不平坦的路

儘管量子電腦與ＡＩ的結合看起來充滿希望，但我們也必須面對一些現實的挑戰，這就像是在賽道上插了幾個障礙：

・量子硬件還不完美：量子比特的穩定性和相干時間還需要解決，否則它們就像是飄忽不定的幽靈，難以捉摸。

・量子算法的設計：設計量子算法需要深厚的量子力學與計算機科學知識，這對不少工程師來說是一個難題。

・量子糾錯的技術：量子計算錯誤率高得嚇人，要讓量子計算走向實用，糾錯技術是關鍵。

・量子軟件生態系統的建立：量子軟件生態系統的搭建需要時間，這就像是搭建一個高大上的遊樂場，得先鋪好基礎設施。

儘管如此，量子電腦與ＡＩ的結合仍然擁有無限潛力。如果成功，它將在醫療、材料科學、金融、能源等領域帶來顛覆性的突破，讓我們的生活變得更加智能和高效。

臺灣崛起為科技強國：量子ＡＩ時代全面啟航！

說到這裡，讓我們把目光拉回現實，特別是向科技強國臺灣看看。這片美麗的寶島，不僅在半導體、量子電腦和ＡＩ的融合，將不僅僅是一場技術革命，更將是思維方式的徹底改變。我們將從這場大變革中汲取智慧，探索未知的可能性，並為未來準備好迎接這一嶄新時代。所謂「科技無限，未來無限」，讓我們跟隨量子ＡＩ一起，開啟一場前所未有的冒險吧！

人工智慧等領域一展身手，還牢牢掌握了全球高科技產業的重要一環。當然，與其他技術發達的地區相比，臺灣不僅專注於讓科技更強大，還注重讓科技和自然達到一種和諧共處的狀態。企業和研究機構紛紛跳出框架，開始探索「科技為人」的理念，將發展科技與提升社會福祉完美結合，並強調綠色環保、可持續發展，還有內心的幸福感，真的是好想給他們一個大大的掌聲！

而且，這未來的臺灣，可能不僅僅是科技界的領頭羊，還能成為世界科技與心靈的橋樑，讓科技和靈性不再是兩個互相對立的存在，而是能夠攜手合作，共同創造出更加和諧的世界。科技再進步，心靈的需求也得跟上，對吧？

總之，臺灣不僅是一個充滿神秘能量的地方，它的獨特地理與文化背景，也讓它成為靈性與科技交會的理想境地。隨著科技日新月異的發展，我們需要更深入地思考如何讓人類的心靈與科技並行發展。畢竟，在這個瞬息萬變的世界裡，我們所擁有的靈性資源或許就是未來高科技時代中，重塑心靈的關鍵。當科技與靈性融合，我們或許能在這個快節奏的社會中找到屬於我們的平衡，讓未來的世界不僅充滿靈性的智慧，更是人類文明進步的一大亮點！

臺灣矽光子技術：未來科技與靈性碰撞的超級交響樂

話說臺灣這塊神奇的土地，不僅是人類的原鄉，文化還能穿越時空直擊靈魂。如今，科技更是拿捏得住，準備把「矽光子技術」這顆科技界的超級巨星推向宇宙中心。你以為這只是冷冰冰的半導體技術？不！這其實是一場科技與心靈的浪漫邂逅。

矽光子技術，別再裝深奧，它其實很好懂！

矽光子技術到底是什麼？簡單來說，它就是給傳統的矽晶片裝上「光速引擎」。從前我們靠電流傳輸訊號，現在改成光束，「光速傳輸」不再是科幻片裡的台詞。

為什麼它這麼重要？讓我用三句話打動你：

1. 速度快：比你網上追劇的緩衝圈還快。
2. 功耗低：不燒電費，環保達人看了都說讚。
3. 頻寬大：資料像洪水一樣湧來，它接得住，還能給你留條小船划著走。

臺灣的科技地位：矽光子技術一出手，全球都在抖

臺灣在半導體產業本來就稱霸全球，現在再加上光電技術，這波「矽光子風潮」，臺灣必須主角登場。聽說SEMI組建了個「矽光子產業聯盟」，專門幹大事：從技術突破到國際標準，從學術研究到商業應用，統統包辦。

想像一下，未來的資料中心、AI、物聯網都靠矽光子技術活蹦亂跳。而這一切的背後，就是臺灣的技術大神們在默默揮汗耕耘，讓世界驚艷。

矽光子技術的未來用途，腦洞要開大才跟得上！

- 資料中心：你每天狂丟的自拍照、工作檔案，全靠它傳輸得又快又穩。
- 人工智慧：讓AI不僅能下圍棋，還能陪你聊人生哲學，當心被它勸加入禪修班。
- 量子計算：矽光子技術就是量子計算的「加速器」，科學家看了淚流滿面。
- 物聯網：你的智慧冰箱、智慧電視，以後全靠它開Party。

挑戰與展望：別怕，有臺灣在！

當然啦，再厲害的技術也不是隨便就成功的。矽光子面臨成本、封裝技術和標準化等挑戰。好消息是，臺灣的產業鏈已經排好隊準備衝鋒陷陣，矽光子的未來，穩了！

矽光子的未來，不只光速，更是光芒萬丈！

最後，讓我們以矽光子技術為榮，不僅因為它是科技革命的領軍者，更因為它見證了臺灣如何用創新連接全球，用智慧承載未來。誰說科技冷冰冰？矽光子技術，讓世界看到，臺灣有速度、有溫度，還有態度！

第七章　精神與科技文明的和諧：探索未來的平衡之道

宇宙文明的劃分：卡爾達肖夫指數，看看我們有多「進步」

要說人類到底能有多強，卡爾達肖夫這位蘇聯天文學家可真是給了我們一個很好的標準——那就是「能量」。一九六四年，他提出的卡爾達肖夫指數，將宇宙中的文明劃分成三個等級，這也成為了我們衡量「文明進步」的新尺度。簡單來說，就是根據一個文明能利用多少能量來評估它的發展程度。

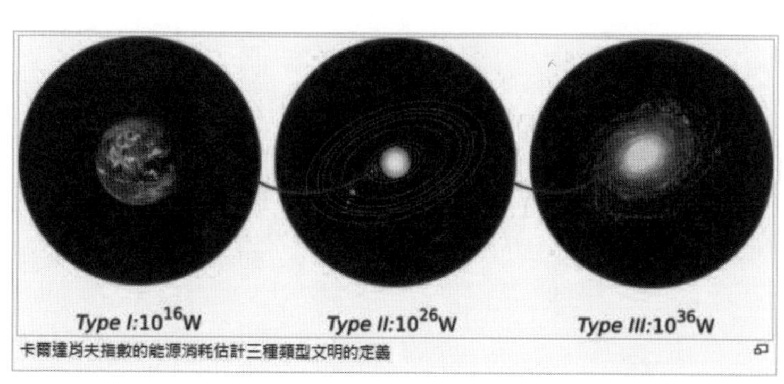

卡爾達肖夫指數的能源消耗估計三種類型文明的定義

讓我們來看看這三個神奇的文明等級

I型文明：行星級文明

這個級別的文明能夠完全利用它所在行星上的所有能量，簡單來說就是「地球能量大師」。目前，地球文明正處於邁向I型文明的過渡期，據估算，我們大約處於0.75型，快快加油吧！

II型文明：恆星級文明

這類文明的能量利用範圍大到可以囊括整顆恆星，想像一下，建造一個「戴森球」包圍住恆星，把所有的能量都吸乾（不過別擔心，這個可不是惡搞，是科學設想哦！）。這樣的文明，無疑可以控制整個星系的能源，這可不是玩笑。

III型文明：星系級文明

當你達到了III型文明，你基本上就可以自稱「星際帝國的霸主」，因為它能完全控制整個星系的能量，甚至可能擁有跨越星際的科技。想想看，這比起電影中的銀河帝國可有過之無不及。

來點預測：人類何時能成為「I型文明」？

著名的物理學家加來道雄曾經預測，人類可能會在100到200年內達到I型文明。再往後推，幾千年後可能會成為II型文明，而10萬至100萬年後，或許可以躍升為III型文明——如果我們沒有在此之前自我毀滅的話（加油！）。

卡爾．薩根建議定義中間值（不考慮在卡爾達肖夫的原指數），由類型I（1016W），類型II（1026 W）和類型III（1036 W）的值來做內插和外插，得出下面的公式：

K=log10⎕P−610　其中的K是一個文明的卡爾達肖夫指數，P是它使用的電力，以瓦特爲單位。他計算出人類文明類型指數（在一九七三年）是0.7左右，用外推法（顯然一九七〇年代人類使用了10太瓦（TW）的數值）。

二〇一二年，總世界能源消耗量為553艾焦（553×1018 J=153,661 TWh），相當於平均功耗為 17.54 太瓦（1.504×1013 W，或 0.724 上的卡爾達肖夫指數）。從一九七三年到二〇一二年該指數每年平均增長 0.0008 左右。

地球的總光合生產力是大約 1500 至 2250TW 之間，或每年 47,300-71,000 艾焦（EJ），相當於 0.9 卡爾達肖夫指數。

$$K = \frac{\log_{10} P - 6}{10}$$

這個指數怎麼算的？看起來有點像數學課！

卡爾達肖夫指數其實是用能量來測量的。舉個例子，I 型文明大概需要每秒 10 的 16 次方瓦的能量，而 II 型文明需要 10 的 26 次方瓦，III 型文明更是達到 10 的 36 次方瓦。根據這些數字，我們就能算出文明的等級，而到目前為止，地球的文明大約處於 0.7 型的水平。

實際上，根據二〇一二年的數據，全球的總能源消耗量約為 553 艾焦（相當於 17.54 太瓦），這也幾乎與 0.75 型的預估接近。因此，地球還在努力向上攀登，離 I 型文明的目標還有一段路要走，但我們的腳步還算是穩健的。

那卡爾達肖夫指數有什麼用處呢？

這個指數並不是單純的數學遊戲，它讓我們有了一個新視角，來思考地球文明如何與宇宙中的其他文明相互比較。它不僅啟發了科學家對外星文明的探索，還激發了科幻迷的無限想象。從星際旅行到外星人接觸，讓我們不禁想像——如果能夠真的遇到III型文明，從星際旅行到外星人接觸，我們不禁開始幻想：如果有一天我們真的能與III型文明相遇，會不會帶來超越亞特蘭提斯的高科技，甚至開啟無限可能的新時代？

誰說這個指數是完美無瑕的？

卡爾達肖夫指數當然不是沒有爭議。首先，能量的定義就很寬泛——不同的天體輸出的能量差異巨大，這就讓我們很難制定一個精確的標準來評估文明的發展。再者，文明的發展可不只是看它能消耗多少能量，還得考慮到它的社會結構、科技水平、文化背景等等。所以說，這個指數還有很大的補充空間，畢竟，宇宙的奧秘還遠不止於此。

從I型到III型，我們還有多遠？

總的來說，卡爾達肖夫指數為我們提供了一個非常有趣的框架，幫助我們理解宇宙中可能存在的不同文明層次。不管是夢想著星際帝國，還是憧憬著戴森球的偉大工程，這個指數都讓我們看到了無限的可能。也許在幾百年後，我們會站在更高的文明高度，回望今天的地球，感慨萬千。但無論如何，在這個過程中，無論是笑談科幻還是嚴肅科學，我們都在不斷向前邁進，努力追尋著那個更加光輝燦爛的未來。

加來道雄的宇宙文明等級：從行星到星系的浩瀚之旅

一個不斷進化的宇宙文明觀

大家好，今天我們要聊的是宇宙中究竟有多少智慧生命存在，並且它們可能發展到什麼樣的文明階段。對於這個問題，人類一直在探索，從望遠鏡到理論物理，似乎每一步都讓我們離解開這個宇宙之謎更近了一些。

在這樣的探索中，物理學家加來道雄給我們帶來了他那讓人耳目一新的「宇宙文明等級」劃分系統。他的理論不僅考慮了文明的能源利用能力，還將文明發展與宇宙的進化密切相連，給我們提供了一個全新的視角來看待可能的外星文明。準備好跟著我一起從行星到星系，看看這些文明是如何一步步展開的嗎？

第一級文明：行星級文明——我們的超級大野心

想像一下，某一天，地球上沒有任何自然災害，沒有旱災，也不會有颱風摧殘。怎麼做到的？這就是第一級文明的魅力所在——他們能控制自己母星（也就是地球）的所有自然資源，進而操控天氣、預測地震，甚至實現全球資源的最佳配置。

氣象預測？我們來直接操控！

在第一級文明的世界裡，預測天氣簡直太簡單。他們不僅能夠準確預測，還能夠調控。例如，想像一下颱風來襲，第一級文明的科技會提前讓這場風暴消失無蹤，變成一場普通的小雨，甚至連乾旱也能一點一滴地解決。這簡直是氣象界的終極超能力！

資源管理，怎麼做到不枯竭？

不再依賴煤炭、石油等傳統能源，第一級文明早已發展出來各種可再生能源，太陽能、風能、地熱能，這些他們完全可以拿來隨便用，並且不會造成任何環境負擔。這樣的文明，怎麼能不讓人心生嚮往？

環境保護，AI來加持！

想像一下，這個文明不僅會在全球範圍內建立巨型基礎設施，還會讓AI隨時監控並維護環境。森林健康監測？AI來搞定！物種保護？交給AI來保證！這個社會的智慧程度讓人感到，未來的地球會像有一位高效且無所不知的環保守護者，讓生態系統再也不會失衡。

通向這個星際理想的挑戰——全球合作

當然，想要達到這個目標並非易事。全球各國間必須進行深度合作，才能共同應對所有的環境挑戰、科技挑戰與社會挑戰。如果各國無法協同作業，這樣的美好藍圖，恐怕就只能是遙遠的星際幻想了。所以，第一級文明的實現，除了高科技，更需要高度的社會理想和國際間的合作。

第二級文明：恆星級文明——我們開始吸收太陽的能量！

來，繼續進行我們的宇宙探索旅程。從第一級文明進階到第二級文明，這不僅僅是技術上的一次跨越，更是文明掌控能力的一大飛躍。第二級文明不再僅僅依賴地球這顆行星的能源，而是能夠吸收並利用整顆恆星的能量。這可是相當驚人的能力啊！

戴森球，簡直太大了！

假如你對宇宙建築有興趣，第二級文明的「戴森球」肯定能讓你眼前一亮。這種理論上超巨型的結構，能圍繞著整顆恆星，將所有的太陽能量吸收過來。想像一下，這樣的技術一旦實現，我們將有著無盡的能源，不再受限於地球的資源。這樣的科技水平，簡直讓科幻小說中的科技看起來像是玩具。

能源應用，隨心所欲！

有了恆星能量的支持，第二級文明可以進行前所未有的科技實驗，建造量子電腦來解開宇宙的秘密，甚至解開黑洞的奧秘。這樣的科技能量，可能還能支持星際航行，甚至改造整個星系，讓文明跨越星際，擁有屬於自己的星際航道。

星際航行，從此不再是夢！

有了強大的能源支持，第二級文明能夠輕鬆建造出宇宙航行的巨大太空船，這些船隻不僅能容納大量人口，還能在星際間自由穿梭。別忘了，這不僅僅是交通工具，更是一個個移動的城市！

第三級文明：星系級文明——我們開始操控整個銀河系！

終於，我們來到了最高的文明等級——第三級文明。這種文明不僅能控制單一星球或恒星，甚至能夠掌控整個銀河系的能量！不僅如此，他們還能利用各種宇宙現象的能量，將其轉化為自己所需。

想像一下，當人類達到第三級文明，我們將不再局限於一顆星球，一個恆星系，甚至可能能夠探索所有的星系，開創無限的未來！這樣的文明，將成為宇宙的真正主宰。

加來道雄的宇宙文明等級理論，將我們從地球的文明引向了無盡的宇宙之海。每一級文明的進步都充滿著無限可能，從氣象操控到星際航行，每一步都讓我們離宇宙的無限邊界更近一步。不過，要達到這些文明等級，我們不僅需要突破技術的極限，還需要全球甚至星際的合作。或許，這就是人類的終極挑戰——用科技和智慧，攜手走向星際之路！

未來50年科技大變革：預測未來世界的奇幻旅程

人工智慧：從聽話的助手到超級夥伴

未來的人工智慧可不再是個乖乖聽話的工具，隨著它們越來越聰明，或許有一天，你會覺得它們比某些朋友還要貼心！ＡＩ不僅能解決數學難題，還能提出創意的解決方案，甚至能幫你創作出超乎想像的新知識。不過，也別高興得太早，隨著它們的發展，我們可能會面對一些「棘手」的問題，比如大量失業、隱私被侵犯，還有無聊的ＡＩ講笑話不再逗笑我們的風險。

生物科技：讓你活得長，活得健康，還能變得更聰明

基因編輯技術就像是給人類重啟系統的「魔法」。未來，治療遺傳病和延長壽命不再是遙不可及的夢，醫生可能根據你 DNA 的特製藍圖來開出藥方。而且，你的「大腦＋電腦」的無縫對接，會讓你從此告別傳統的「操作失誤」，直接進入人機一體的高效人生。

能源與環境：綠色革命，拯救地球

想像一下，你家屋頂上裝著太陽能板，早上起床就能看見它們在忙碌地收集陽光，為你煮咖啡。隨著太陽能和風能成為主流，我們可以說再見化石燃料，擁抱更綠的能源。智能電網將讓能源分配像你的手機 APP 一樣順手，並且還能幫助我們修復地球的「破皮」——例如清理污染、恢復森林，這樣地球就不會像老舊的手機一樣頻頻掉電了。

太空探索：人類的星際搬家計劃

如果你覺得擠在地球上已經沒地方待了，別擔心！太空旅遊將會成為現實，可能不久的將來，普通人也能體驗一次零重力的漫遊。而月球基地將成為人類探索更遠星系的「後台」，甚至有一天我們或許能在火星上建立起小型的「星際度假村」。想像一下，和朋友們一起在火星上開個 BBQ 派對，或許這將成為日常娛樂的一部分。

量子計算與矽光子技術：讓數據飛起來

量子計算的發展會讓現在的電腦技術顯得像是老爺車，速度快得超乎想像，讓那些解不開的難題迎刃而解。再加上矽光子技術，數據的傳輸速度將像光一樣迅猛，說不定哪天，你會感覺到「數據」在和你玩賽跑。

未來的挑戰與風險：當科技太強大，問題也不會少

當然，科技發展太快的時候，問題也可能來得更猛。AI普及可能讓大量工作被機器取代，這時我們也許要想想，怎麼讓人類找到更「體面」的工作。隨著數據越來越被重視，個人隱私可能成為奢侈品，而數據保護可能成為新一代「防火牆」的主題。此外，科技發展過程中的道德困境也不容小覷，需要大家集思廣益，開發更有倫理的解決方案。

總之，未來50年，科技將以迅雷不及掩耳的速度變革我們的生活。這是個充滿機會和挑戰的時代，別忘了，與其被科技改變，不如與它同行，創造一個更加美好的未來！

精神與科技的完美協奏：邁向更美好的未來

亞特蘭提斯，這個曾經讓人耳熟能詳的高科技文明，為何在科技飛速進步的同時還自我毀滅？原來，問題出在「精神文明」沒跟上「科技文明」的腳步。這不僅是現代人面臨的課題，還是我們未來可能面對的挑戰。

精神與科技的「微妙平衡」

如何在科技的洪流中找到精神的岸邊，成為了現代人最頭痛的問題。這不僅僅是科技要往哪裡走的問題，更是我們要如何面對這些科技帶來的「人生大考」！社會的價值觀、結構，甚至未來的夢想，都是這個大難題的一部分。

1. 教育革新：科技與人文並行

・人文科技並重：我們不能只顧著學ＡＩ、寫程式，還得學會怎麼做人！教育體系要培養能夠批判性思考、創造出新奇點子、並且充滿同理心的未來人才。畢竟，不會用科技救人的醫生，根本不配擁有那個手術刀對吧？

・終身學習：不要再只會用「Google」查資料，學會如何看待科技對社會的影響，這樣才能隨時跟上時代的腳步。

・道德教育：你能寫程式，卻不能分辨道德，這樣的科技人才還不如多看點哲學書。強調道德教育，幫助大家在科技的漩渦中不迷失自我。

2. 科技倫理：科技不是萬能的

・國際合作：想像一下，全世界的科學家站在一起開會，討論ＡＩ和基因編輯的發展準則，是不是感覺世界沒那麼亂了？

・公民參與：我們也不是只能旁觀！讓每個人都參與科技的決策，這樣才能保證科技發展不會變成一場單方面的「豪賭」。

・風險評估：當科技就像那個從來不告訴你明天會下雨的天氣預報，嚴格的風險評估就顯得尤為重要，這樣我們才能避免讓社會變成科技的實驗室。

3. 社會結構：重分蛋糕

・收入分配：別讓科技變成貧富差距的催化劑，應該確保科技發展成果能夠讓每個人都有份！

・社會安全網：隨著ＡＩ的崛起，大家的工作可能會變少，這時候社會安全網可不能掉鏈子，得保護那些被「科技代替」的人。

・工作型態轉型：當機器人能代替你的工作時，是時候思考下一步了。未來的工作需要創新，需要我們對新興職業的支持和創造。

4. 精神文明的提升：心靈的 GPS

・文化多樣性：科技能讓你瞬間穿越全球，但你還能記得自己家鄉的味道嗎？尊重不同文化，讓我們的世界更豐富。

・宗教信仰自由：信仰自由是每個人都應該擁有的權利。未來的世界不僅僅是科技的天堂，還是心靈的天堂。

・藝術與人文推廣：如果生活只剩下冷冰冰的科技，那不如直接住在機器裡算了。藝術和人文活動才是讓我們成為「人類」的秘密武器。

5. 國際合作：一起過日子

・全球治理：如果地球還是我們的家，那麼就得齊心協力，應對氣候變遷、疾病流行等全球性挑戰。

・知識共享：科技的進步應該是大家的進步。加強國際合作和知識共享，讓世界上的每個角落都能受益於進步。

6. 個人意識的覺醒：自我檢討一下

・自我覺察：每天不只是回顧自己今天吃了啥，還要檢討科技給你的生活帶來了什麼影響，是負面還是正面？

・價值觀重塑：快速發展的時代可能讓你迷失方向，重新思考你的人生價值和意義，才不會在科技的海洋中成為漂浮物。

・關懷社會：是時候多關心社會中的弱勢群體了。科技能幫我們做很多事，但它也不能取代我們的心。

科技文明與精神文明的共舞

要讓科技和精神文明和諧共舞，並不是一件容易的事。這需要教育、科技、社會和文化的協同努力，這樣我們才能創造一個既充滿創新活力，又不失人文關懷的未來。

腦洞提案：

・支持 STEM 教育，同時重視人文素養的培養。

・鼓勵跨領域的合作，讓科技和人文結合，創造無限可能。

・建立完善的科技倫理審查機制，讓科技發展不走火入魔。
・加強公民參與和監督，讓科技發展更貼近人心。
・推動國際合作，大家一起解決全球挑戰。

註：

STEM 教育：是一種跨學科的教育模式，將科學、技術、工程和數學這些硬邦邦的東西，變成有趣的學習體驗。這不僅教我們如何理解世界，還教我們如何用創新解決問題。

STEAM 教育：在 STEM 的基礎上，加入了藝術這個元素，讓我們不僅懂得解決問題，還能夠用創意把問題解決得更有「藝術感」。

國家圖書館出版品預行編目（CIP）資料

臺灣是13000年前的科技重鎮：揭開多次元遺跡奧秘，
探尋亞特蘭提斯首都真相之謎 / 吉米斯著. -- 初版.
-- 新北市：大喜文化有限公司, 2024.11
面；　公分. -- (星際傳訊 ; STU11302)
ISBN 978-626-97255-8-8(平裝)

1.CST: 人類學 2.CST: 文明史 3.CST: 臺灣

391.5　　113016698

星際傳訊 STU11302

臺灣是 13000 年前的科技重鎮：
揭開多次元遺跡奧秘，探尋亞特蘭提斯首都眞相之謎

作　　者：吉米斯
編　　輯：謝文綺
發 行 人：梁崇明
出 版 者：大喜文化有限公司
登 記 證：行政院新聞局局版台省業字第 244 號
P.O.BOX ：中和市郵政第 2-193 號信箱
發 行 處：23556 新北市中和區板南路 498 號 7 樓之 2
電　　話：02-2223-1391
傳　　真：02-2223-1077
E-Mail：joy131499@gmail.com
銀行匯款：銀行代號：050　帳號：002-120-348-27
臺灣企銀　帳戶：大喜文化有限公司
劃撥帳號：5023-2915，帳戶：大喜文化有限公司
總經銷商：聯合發行股份有限公司
地　　址：231 新北市新店區寶橋路 235 巷 6 弄 6 號 2 樓
電　　話：02-2917-8022
傳　　真：02-2915-7212
出版日期：2024 年 12 月
流 通 費：新台幣 399 元
網　　址：www.facebook.com/joy131499
I S B N：978-626-97255-8-8